군사학 연구총서 ②

NCS National Competency Standards 기반

軍 초급 간부를 위한 군대윤리

MILITARY ETHICS

한만민 · 유석봉 · 박희성
학군제휴 협약대학교 협의회 감수

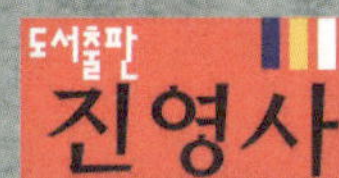

NCS 기반

軍 초급간부를 위한 군대윤리

한만민, 유석봉, 박희성

2018년 1월 16일 초판 인쇄
2018년 1월 22일 초판 발행
2019년 2월 28일 초판 2쇄 발행
2021년 3월 15일 초판 3쇄 발행

발행인 박 진 영
발행처 도서출판 진영사
인천광역시 부평구 갈산동 185번지 풍진빌딩 303호
전화 : 032)505-4207
팩스 : 032)505-4206
E-mail : 0183734207@hanmail.net
등록 : 122-91-77317

ISBN 978-89-6541-343-1 93390
값 13,000원

머 리 말

본 교재는 육군본부와 학 · 군제휴협약을 체결한 대학의 부사관과 학생들을 대상으로 집필한 '군대윤리'과목 대학교재이다.

'군대윤리'과목은, 육군본부에서 학 · 군제휴협약대학의 부사관과 학생들에게 필수로 가르치도록 지정한 3개 필수과목으로, 초급간부의 자질함양을 위해서, 그 중요도는 매우 높다고 볼 수 있다.

특히, 본 교재의 집필에 참여한 학·군제휴협약대학 교수들은 육군 교육사령부 실무자들과 토의 및 검토과정을 거쳐, 전체 구성과 세부항목을 선정하였으며, 이때 육군 측의 권장사항을 최대한 반영하여 집필하였다. 육군에서는 '군대윤리' 과목의 대학 교육목표를 '부사관으로서 올바른 윤리 · 가치관의 이해'로 제시하였으며, 최근 육군 내(內)에서의 교육이 강화된 '민주시민의식'에 대한 교육내용의 포함을 권장하여 반영하였다. 이를 바탕으로 본 교재의 큰 틀을 인간과 윤리의 관계, 군대의 특성과 군대윤리, 군법과 인권의 이해 및 실천, 올바른 직업군인상 확립이라는 총 4개의 장(章)으로 구성하였다.

각 장(章)에서 세부적으로 다루는 내용은, 인간과 사회의 관계 및 윤리의 개념 설명을 시작으로, 현대의 직업윤리 개념 및 필수요건, 직업윤리의 개념 및 군대윤리의 관계, 군대조직의 특성, 군대의 위계질서 및 지휘관계, 군인에게 요구되는 군대윤리 및 필수요건, 군법 및 규정과 방침, 군인복무기본법과 군 인권의 관계, 전쟁법과 전쟁윤리의 관계 등 이 책의 중반부까지 군대에 대한 이해를 돕고 있다.

제 4장(章)에서는 역사 속 위인들의 올바른 직업군인상을 살펴보고, 직업군인의 국가관 및 안보관, 직업군인의 가치관 및 인생관을 학습하도록 구성하였으며,

이후 본인의 직업군인상을 설계할 수 있도록 하였다. 직업군인이 갖추어야 할 군인기본자세 및 상황별 군대예절 내용을 마지막 절(節)에 포함하여, 총 13개 절(節)로 나누어 기술을 하였다.

본 교재는 특징은, 교육부의 한 학기 15주 대학교육 지침에 맞추어, 한 학기(중간·기말고사를 제외한 총 13주) 동안 3시간 강의가 가능하도록 그 분량을 조절하여 구성하였으며, 교수와 학습자의 편의를 도모하기 위하여 NCS(국가직무능력표준) 절차를 준수한 교과목명세서, 강의계획서, 학습자 진단평가지, 수시평가지를 수록하였다. 또한, 각 단원(총 13절) 종료 시 마다 '토의과제'를 수록하여, 학습집중도와 학습효과를 극대화시킬 수 있도록 구성하였다.

끝으로, 본 교재를 통하여 학 · 군제휴협약대학교의 부사관과 학생들이 올바른 직업군인 윤리의식을 함양하고, '적과 싸워 이기는 정예육군의 승리의 초석'이 되는 우수한 인재, 육군간부가 되어주길 바란다.

2017년 12월 1일

학 · 군제휴협약대학교 협의회

한만민, 유석봉, 박희성 교수

목 차

입대 전 알아두기 애국가 1~4절

1절. 동해물과 백두산이 마르고 닳도록 하느님이 보우하사 우리나라 만세

2절. 남산 위에 저 소나무 철갑을 두른 듯 바람 서리 불변함은 우리 기상일세

3절. 가을 하늘 공활한데 높고 구름 없이 밝은 달은 우리 가슴 일편단심일세

4절. 이 기상과 이 맘으로 충성을 다하여 괴로우나 즐거우나 나라 사랑하세

후렴, 무궁화 삼천리 화려 강산, 대한사람 대한으로 길이 보전하세

NCS 제1절 체계

1. 직무모형

직업(군)	직무명	능력단위(책무)	작업(능력단위요소)	기타
군(軍)	국방 행정	• 군 기본자세 확립 • 조직(부대) 관리 방법 이해 • 조직전통계승 및 발전방법 이해	• 가치관, 국가관, 윤리의식 갖추기 • 군대 예절 갖추기 • 복지 및 사기진작 방법 이해하기 • 규정보완방법 이해하기	관련 자격증 없음

2. 수행준거

작업(능력단위요소)	수행준거	
가치관, 국가관, 윤리의식 갖추기	2.4	• 전쟁의 도덕성을 이해할 수 있다.
	2.8	• 군인의가치관과 개인의 가치관을 이해하고 실천할 수 있다.
	2.15	• 직업의식의 중요성과 직업윤리를 이해할 수 있다.
군대 예절 갖추기	2.5	• 육군의 5대 가치관과 그 중요성 이해하고 실천할 수 있다.
	2.14	• 직업윤리와 군대윤리를 통해 예절의 중요성을 이해한다.
복지 및 사기진작 방법 이해하기	3.4	• 인권과 지휘관과의 관계를 이해할 수 있다.
	3.5	• 군인권의 특징과 구제제도를 이해할 수 있다.
규정보완방법 이해하기	6.1	• 군인복무기본법의 개념을 이해 할 수 있다.
	6.3	• 군인으로서 복무해야 할 태도를 이해 할 수 있다.
	6.4	• 군인으로서 금지 및 제한사항에 대해 이해 할 수 있다.

3. 지식 · 기술 · 태도

구분	내용
지식	• 군대윤리의 정의와 중요성을 이해한다. • 전쟁과 도덕성을 인식하여 전쟁윤리를 이해한다. • 직업의식의 중요성과 직업윤리를 이해한다. • 군인복무기본법의 개념을 이해한다.
기술	• 인문사회학으로 미기술
태도	• 군대윤리의 정의와 중요성을 인식하려는 태도를 가진다. • 전쟁과 도덕성을 인식하려는 태도를 가진다. • 직업의식의 중요성과 직업윤리를 이해하려는 태도를 가진다. • 군복무기본법의 개념을 이해하려는 태도를 가진다.

4.핵심용어 : 군대윤리, 직업윤리, 국가관, 군인복무기본법

NCS 제2절 교수학습방법

1. 학습목표 : 군대윤리를 이해하고 실천할 수 있다.

2. 단원별 학습목표

구분	세 부 단 원	주차	목 표
1장	• 인간과 사회의 관계 및 윤리의 개념	1	• 인간과 사회의 관계 및 윤리의 개념을 설명할 수 있다.
	• 현대의 직업윤리 개념 및 필수요건	2	• 현대의 직업윤리 개념 및 필수요건을 설명할 수 있다.
	• 직업윤리의 개념 및 군대윤리의 관계	3	• 직업윤리의 개념 및 군대윤리의 관계를 설명할 수 있다.
2장	• 군대조직의 특성	4	• 군대조직의 특성을 이해하고 설명할 수 있다.
	• 군대의 위계질서 및 지휘관계	5	• 군대의 위계질서 및 지휘관계를 이해하고 설명할 수 있다.
	• 군인에게 요구되는 군대윤리 및 필수요건	6	• 군인에게 요구되는 군대윤리 및 필수요건을 설명할 수 있다.
3장	• 군법 및 규정과 방침	7	• 군법 및 규정과 방침을 이해하고 설명할 수 있다.
	• 군인복무기본법과 군 인권의 관계	9	• 군인복무기본법과 군 인권의 관계를 이해하고 설명할 수 있다.
	• 전쟁법과 전쟁윤리의 관계	10	• 전쟁법과 전쟁윤리의 관계를 설명할 수 있다.
4장	• 역사 속 위인들의 올바른 직업군인상	11	• 역사 속 위인들의 올바른 직업군인상을 설명할 수 있다.
	• 직업군인의 국가관 및 안보관	12	• 직업군인의 국가관 및 안보관을 설명할 수 있다.
	• 직업군인의 가치관 및 인생관	13	• 직업군인의 가치관 및 인생관을 설명할 수 있다.
	• 직업군인 군인기본자세, 상황별 군대예절	14	• 직업군인 군인기본자세, 상황별 군대예절을 설명할 수 있다.

3. 교수방법(활동)

구분	내용
주차별 활동	• 학습자가 알아야 할 필요 지식을 ppt를 이용하여 강의식 교육 • 학습이 종료된 후에 학생들이 강의 내용에 대하여 전반적인 내용을 숙지하였는지 질의응답을 통하여 확인 • 지식 설명이 끝나면 과제 부여 수시평가(과제평가)하고 결과 검토
단원별 활동	• 단원 종료 후 단원별 수시평가 진행
종합 활동	• 학습 시작 전 사전 진단평가 진행 학습자 수준 파악 • 직무능력 평가(1차, 2차)는 별도의 문제 구성 • 직무능력 평가 결과(2차 종료 후)에 따라 향상 및 심화 교육 진행 • 학습 종료 후 사후 진단평가 진행 학습자 성취수준 확인

4. 교수학습 준비물 : 지식 내용 ppt, 참조자료, 관련서적

5. 학습 방법(활동)

구분	내용
주차별 활동	• 필요 지식에 대해 교수로부터 강의 경청 • 수시평가(과제평가)후 수행 문안 토의 / 작성
단원별 활동	• 단원 종료 후 단원별 평가(1/2단원, 3/4단원 통합)는: 별도 문제 구성
종합 활동	• 학습 시작전 사전 진단평가 • 직무능력 평가 결과(2차 종료 후)에 따라 향상 및 심화 교육 • 학습 종료 후 사후 진단평가

6. 교육 정보

- 군대윤리 교재
- 육군교육사령부 발행 『국가와 안보 I · II』, 2017
- 윤리관련 일반 시사자료

NCS 제3절 평가 및 환류

- 진단평가(사전, 사후) : 교과목 수행 이전 / 교과목 종료 후
- 수시평가(피평가자 체크리스트) : 과제평가(세부 단원별)
- 직무능력 평가(1차, 2차) : 성취수준 평가
- 환류(향상/심화교육) : 성취수준 1미만 항목은 향상교육, 전 항목 4이상은 심화교육

1. 진단평가(사전 / 사후)

가. 개념

(1) 평가내용 : 학습 성과를 달성하는데 필요한 기본 지식 이해 여부

(2) 평가시기 : 1주차 / 과정 종료 시

(3) 평가방법 : 자가진단 방법으로 학생 스스로 수준을 평가

(4) 고려사항 : 성적에 포함되는 것이 아니므로 솔직히 응답하며 과정 종료 후 동일 문항 사후 진단평가 실시

나. 활용 : 평가 결과에 따라 미흡한 항목은 수업 진행시 특별히 관심 유지 성취수준을 달성할 수 있도록 지도, 차후 교육에 반영

문 항	자 가 진 단		
	미흡 (1)	보통 (2)	우수 (3)
1. 전쟁의 도덕성을 이해할 수 있다.			
2. 군인의가치관과 개인의 가치관을 이해하고 실천할 수 있다.			
3. 직업의식의 중요성과 직업윤리를 이해할 수 있다.			
4. 육군의 5대 가치관을 이해하고 그 중요성 이해하고 실천할 수 있다.			
5. 직업윤리와 군대윤리를 통해 예절의 중요성을 이해한다.			
6. 인권과 지휘관과의 관계를 이해할 수 있다.			
7. 군인권의 특징과 구제제도를 이해할 수 있다.			
8. 군인복무기본법의 개념을 이해 할 수 있다.			
9. 군인으로서 복무해야 할 태도를 이해 할 수 있다.			
10. 군인으로서 금지 및 제한사항에 대해 이해할 수 있다.			
계			

2. 수시평가(과제평가)

가. 개념 : 세부 단원 종료시 및 토의 후 작성 개인별 제출

나. 활용 : 주차별로 누적하여 과제 평가에 반영

3. 직무능력평가(1차, 2차)

가. 개념 : 성취도 확인

나. 활용 : 성적 반영

다. 평가 시점 / 문제 구성 : 각 단원(2개 단원) 종료 후 실시 / 별도

라. 평가 준거

(1) 1차 직무능력 평가

학 습 내 용(단원명)		평 가 항 목(수행준거)	성취수준			
			1	2	3	4
1장 인간과 윤리의 관계	• 인간과 사회의 관계 및 윤리의 개념	• 인간과 사회의 관계 및 윤리의 개념을 설명할 수 있다.				
	• 현대의 직업윤리 개념 및 필수요건	• 현대의 직업윤리 개념 및 필수 요건을 설명할 수 있다.				
	• 직업윤리의 개념 및 군대윤리의 관계	• 직업윤리의 개념 및 군대윤리의 관계를 설명할 수 있다.				
2장 군대의 특성과 군대윤리	• 군대조직의 특성	• 군대조직의 특성을 이해하고 설명할 수 있다.				
	• 군대의 위계질서 및 지휘관계	• 군대의 위계질서 및 지휘관계를 이해하고 설명할 수 있다.				
	• 군인에게 요구되는 군대윤리 및 필수요건	• 군인에게 요구되는 군대윤리 및 필수요건을 설명할 수 있다.				
3장 군법과 인권의 이해 및 실천	• 군법 및 규정과 방침	• 군법 및 규정과 방침을 이해하고 설명할 수 있다.				

(2) 2차 직무능력 평가

<table>
<tr><th colspan="2" rowspan="2">학 습 내 용(단원명)</th><th rowspan="2">평 가 항 목(수행준거)</th><th colspan="4">성취수준</th></tr>
<tr><th>1</th><th>2</th><th>3</th><th>4</th></tr>
<tr><td rowspan="3">1장 군법과 인권의 이해 및 실천</td><td>• 군인복무기본법과 군 인권의 관계</td><td>• 군인복무기본법과 군 인권의 관계를 이해하고 설명할 수 있다.</td><td></td><td></td><td></td><td></td></tr>
<tr><td>• 전쟁법과 전쟁윤리의 관계</td><td>• 전쟁법과 전쟁윤리의 관계를 설명할 수 있다.</td><td></td><td></td><td></td><td></td></tr>
<tr><td>• 역사 속 위인들의 올바른 직업군인상</td><td>• 역사 속 위인들의 올바른 직업군인상을 설명할 수 있다.</td><td></td><td></td><td></td><td></td></tr>
<tr><td rowspan="3">2장 올바른 직업 군인상 확립</td><td>• 직업군인의 국가관 및 안보관</td><td>• 직업군인의 국가관 및 안보관을 설명할 수 있다.</td><td></td><td></td><td></td><td></td></tr>
<tr><td>• 직업군인의 가치관 및 인생관</td><td>• 직업군인의 가치관 및 인생관을 설명할 수 있다.</td><td></td><td></td><td></td><td></td></tr>
<tr><td>• 직업군인 군인기본자세, 상황별 군대예절</td><td>• 직업군인 군인기본자세, 상황별 군대예절을 설명할 수 있다.</td><td></td><td></td><td></td><td></td></tr>
</table>

(3) 성취수준

단 계	성 취 수 준	비 고
1	• 누군가 상당히 도와주어야만 이 지식을 일부만 가지고 작업할 수 있다.	70% 미만
2	• 이 지식으로 만족스럽게 작업할 수 있지만 어떤 사람의 도움이나 감독이 필요하다	70% 이상
3	• 도움이나 감독 없이도 이 지식으로 만족스럽게 작업할 수 있다.	80% 이상
4	• 누구의 감독 없이도 주도적으로 이 지식을 활용하여 주어진 상황에서 작업할 수 있다	90% 이상

4. 평가 방법

가. 세부 단원별 전 항목 성취수준 2 이상 도달 시 합격으로 판정
나. 성취수준 1미만 항목은 향상교육, 전 항목 4 이상은 심화교육

5. 향상 및 심화교육

가. 향상교육 및 평가

기 준	방 법
• 1단계 미만 학습자	• 개인별로 이해하지 못한 부분에 대해 질의 응답식으로 진행 • 단원별 핵심사항 재설명

나. 심화교육

기 준	방 법
• 전 단계 4단계 이상 성취수준 도달자	• 간부 군대윤리의 중요성 및 행동실천 사례 교육

입대 전 알아두기 **복무 신조 (우리의 결의)**

우리는 국가와 국민에 충성을 다하는 대한민국 육군이다.

하나. 우리는 자유민주주의를 수호하며 조국통일의 역군이 된다.
둘. 우리는 실전과 같은 훈련으로 지상전의 승리자가 된다.
셋. 우리는 법규를 준수하고 상관의 명령에 복종한다.
넷. 우리는 명예와 신의를 지키며 전우애로 굳게 단결한다.

제 1 장 인간과 윤리의 관계

제 1 절 인간과 사회의 관계 및 윤리의 개념

1-1. 인간과 사회의 관계
1-2. 윤리의 정의 및 해석
1-3. 인간과 윤리의 관계 및 사회윤리
1-4. 인간과 직업의 관계 및 직업윤리
1-5. 사회윤리와 직업윤리의 상호관계

제 2 절 현대의 직업윤리 개념 및 필수요건

2-1. 현대사회의 직업윤리 개념
2-2. 필수요건 Ⅰ : 근면 · 성실 · 봉사 · 책임의식
2-3. 필수요건 Ⅱ : 정직 · 준법정신
2-4. 필수요건 Ⅲ : 올바른 성윤리의식
2-5. 필수요건 Ⅳ : 직장예절 · 에티켓

제 3 절 직업윤리의 개념 및 군대윤리의 관계

3-1. 직업윤리의 분류
3-2. 군대윤리의 개념 및 특성
3-3. 직업윤리와 군대윤리의 상호관계

제 1 장 인간과 윤리의 관계

제1절 인간과 사회의 관계 및 윤리의 개념

1-1. 인간과 사회의 관계

가. 인간과 사회의 관계에 관한 고찰

〈아리스토텔레스 조각상, 출처:네이버지식백과〉

고대 그리스의 저명한 철학자 아리스토텔레스(Aristoteles, B.C. 384 ~ B.C. 322)는 인간과 사회의 관계에 관한 유명한 명언을 남겼다. 그 명언은 우리가 잘 알고 있는 『인간은 사회적 동물이다』라는 말이다. 이 명언이 오늘날까지 전혀질 수 있었던 가장 큰 이유는, 인간과 사회는 실제로 서로 떼어낼 수 없는 밀접한 관계이기 때문이다. 그 관계는 현대사회에서의 국가 보장제도와, 사회 경제활동을 보면 쉽게 알 수 있다.

역사를 연구하는 일부 학자들은 『인류의 역사는, 전쟁의 역사』라고 표현한다. 실제로 인류는 역사 속에서 수많은 전쟁을 치러왔고, 이 전쟁을 통하여 파괴와 재건을 반복하였기 때문에 『전쟁의 역사』라는 표현도 틀린 말은 아니다. 인간은 사회와 밀접한 관계를 형성하지만, 전쟁을 행한다는 모순점을 도출할 수 있다.

〈파올로 우첼로의 1485년 作 '원시시대의 사냥', 출처 : 영국 런던 내셔널갤러리〉

그렇다면, 인간은 왜 사회를 구성하여 살아가는 것인가?

이 질문에 대하여 학자들의 견해는 조금씩 다르지만, 『생물학적 측면』에서의 필요성과, 『심리학적 측면』에서의 필요성으로 나눌 수 있다.

(1) 생물학적 측면에서 사회의 필요성

첫 번째, 인간이 사회를 구성하는 『생물학적 측면』에서의 필요성에 대해서 알아보자.

〈원시시대의 사냥, 출처 : 네이버 지식백과〉

인간은 지구상의 다른 포유류과 동물들에 비해, 높은 지능을 가지고 태어났지만, 반면에 원시시대 야생 환경 속에서 생존을 위한 신체조건은 너무 불완전하였다. 특히, 다른 동물들이 가진, 사냥을 위한 날카로운 손톱 · 발톱 · 치아, 강한 외부자극에 견딜 수 있는 두꺼운 피부, 체온을 유지 할 수 있는 모피 등의 신체적 특징이, 인간에게는 전혀 없었기 때문이었다. 즉, 원시시대는 인간이 혼자 스스로 생존하기에는 전혀 호락호락한 곳이 아니었다.

〈고대 이집트의 조직·체계화된 농사, 출처 : 네이버 지식백과〉

이와 같이 『생물학적 측면』에서 열세한 인간은, 인간 스스로의 보호 및 안전, 그리고 식량 확보(사냥과 농사)를 위해서, 조직사회가 반드시 필요했다. 야생 환경 속에서, 인간이 조직사회를 유기적으로 결속하여 강화했던 것은, 단순히 집단을 형성 하고자 하는 인간의 욕망을 위한 선택이 아니라, 인간 자체의 생존과 번영을 위해서는 매우 중요하고 일이었다. 어쩌면, 인간의 생존을 위해서, 『인간의 조직사회의 구성은 선택요소가 아닌 필수 요소』였다고 이야기해도 과언이 아닐 것이다.

(2) 심리학적 측면에서 사회의 필요성

두 번째로, 심리학적 측면에서 인간의 사회구성 이유에 대하여 살펴보자.

〈매슬로우 박사〉

미국의 저명한 심리학자였던 매슬로우(Abraham H. Maslow, 1908~1970) 박사는 인간의 욕구에 대해서 총 5단계로 구분할 수 있다고 연구 발표하였다. 그 단계는 가장 기초부터, 1단계인 생리(본능)의 욕구, 2단계 안전의 욕구, 3단계 사회적 욕구, 4단계 존경의 욕구, 5단계 자아실현의 욕구 순이며, 낮은 단계의 욕구에서부터 점차 높은 단계의 욕구로 상향된다고 주장하였다.

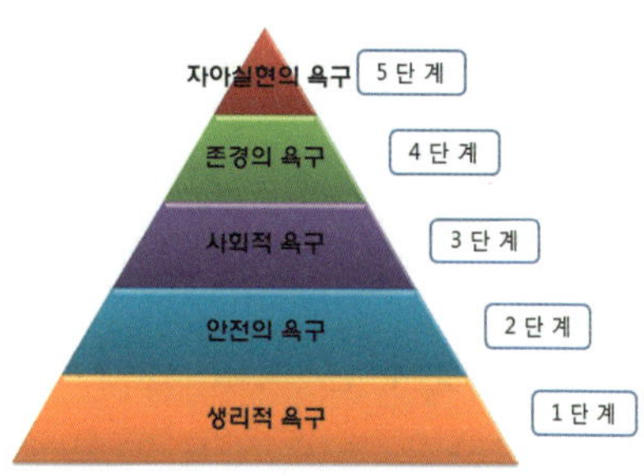

〈매슬로우 박사의 인간욕구 5단계〉

그래서, 인간은 최초에는 단순한 생리적 욕구만을 가지지만 점차, 사회와 연관성이 높은 욕구로 발전하게 되며, 최종 5단계 『자아실현의 욕구』에는 『조직사회 속에서 존경과 인정을 받고자 하는 욕구』를 포함한다고 내용이었다. 이 연구의 결과는 인간의 심리·철학적 부분을 해석하는데 있어서 매우 흥미롭고 시사하는 바 또한 컸다.

비슷한 소재의 영화가 있어서 잠깐 소개를 할까한다. 2014년에 개봉된 영화 중에서 『루시(LUCY)』라는 제목의 헐리우드 영화가 있었다.

〈영화 루시(Lucy), 2014년 作〉

국내 정상급 배우인 최민식 씨와, 미국 배우 스칼렛 요한슨이 캐스팅되어 화재가 되었다. 영화의 줄거리는 우연히 특수약물에 노출된 여주인공 루시(스칼렛 요한슨)가 죽음까지 초월한 초인적인 존재가 되었으나, 최종에는 자아실현을 위하여, 인류를 위한 고대역사의 기록을 남기는데에 목숨을 헌신하는 내용이었다. 영화의 기본 배경지식은, 인간의 뇌는 40%를 사용하면 신체를 완벽히 통제하고, 100%를 사용하면 본인의 영생과 타인의 행동까지 컨트롤이 가능하다는 이론에서 출발한다. 다소 황당한 스토리이지만, 일부 평론가들은 이해한 만큼 평가되는 영화라고 말했다. 이 영화 속에서의 주인공의 최종행동은 매슬로우 박사의 이론대로 행동한다.

〈영화 루시(Lucy), 2014년 作〉

모든 것을 다 조종할 수 있는 신적인 존재에서. 결국 본인 목숨을 헌신할 정도로 가치 있다고 생각되는 고대자료를 과학자들에게 남기고 죽지만, 자기의 존재를 오래 남길 수 있는 삶을 선택한 것이다.

즉, 매슬로우 박사의 『인간욕구 5단계』의 최고단계인 『자아실현의 욕구』를 실천한 셈이다.

위에서 살펴 본 바와 같이, 인간과 사회의 관계는, 『생물학적 측면』에서, 그리고 『심리학적 측면』에서 모두 매우 밀접하고 중요한 관계라는 사실을 알 수 있었다.

개념정리

- **인간의 사회구성 이유 : 생물학적, 심리학적 측면**
- **매슬로우 박사의 인간욕구의 5단계**

  : 1단계, 생리(본능)적 욕구 → 2단계, 안전의 욕구
  → 3단계, 사회적 욕구 → 4단계, 존경의 욕구
  → 5단계, 자아실현의 욕구(존경과 인정)

1-2. 윤리의 정의 및 해석

가. 윤리의 정의

인간(人間, human)에 대해 무엇이라고 생각하는가? 라고 사람들에게 묻는다면, 매우 다양한 답들이 쏟아져 나올 것이다. 그 답에는, 『높은 지능의 포유류』, 『진화한 유인원』에서부터 『생각하는 동물』이라는 철학적 의미의 답까지 여러가지가 있을 것이다.

『인간(人間, human)』의 사전적 의미는 『생각을 하고 언어를 사용하며, 도구를 만들어 쓰고, 사회를 이루어 사는 동물』이라고 정의되어 있다. 또, 같은 표현의 『사람』이란 단어가 같이 쓰인다고 명시되어 있다. 사전에서 조차, 인간과 동물의 차이점은, 바로 생각의 유무에 따라 분류된다고 정의하는 것이다. 즉, 인간이란 스스로가 인간다운 생각과 사고(思考)를 하고, 사회의 사람들과 이치에 맞게 더불어 살아가는 삶을 살아야 한다는 뜻으로 해석된다. 그렇다면, 윤리(倫理, ethics)란 무엇인가?

〈오귀스트 로댕作'생각하는 사람' : 프랑스 파리 팡테옹(Pantheon) 광장〉

이 질문은 조금 어렵다. 대부분의 사람들은 설명하기 어렵다고 답변하거나, 도덕적이고 종교적인 의미의 답변을 할 것이다. 사실 도덕과 종교에 관련한 윤리의 설명이 모두 틀린 말은 아니지만, 윤리라는 개념을 보다 쉽게 풀어서 표현 하자면, 『윤리는 인간 사회의 도덕적 질서의 규칙』이라고 이야기 할 수 있다. 『윤리(倫理, ethics)』를 사전에서 찾아보면 『사람으로서 마땅히 행하거나, 지켜야 할 도리』로 정의 되어 있는데, 이것은 즉, 다시 말하자면 『윤리는 인간의 사회관계에서 매우 중요한 요소』로 이해하면 된다.

용어정의

- **인간(人間, human) : 생각을 하고 언어를 사용하며, 도구를 만들어 쓰고 사회를 이루어 사는 동물**
- **윤리(倫理, ethics) : 사람으로서 마땅히 행하거나, 지켜야 할 도리**

나. 윤리의 해석

윤리(倫理, ethics)는 『인간의 도리』라는 정의적인 측면에서, 많은 사람들이 『윤리(倫理, ethics)』와 『도덕(道德, morality)』을 같은 의미로 생각하고 있다. 실제로 그 차이를 명확히 구별하는 일이 쉽지 않기 때문에, 윤리와 도덕을 같은 의미로 혼용 사용하는 경우가 더 많다.

윤리와 도덕의 개념을 조금 더 세밀하게 구분하자면,

『도덕(道德, morality)』은 『개개인이 가진 심성(心城) 또는 덕행(德行) 자체를 표현할 때 쓰이며, 실천적인 항목』을 의미한다.

『윤리(倫理, ethics)』는 『도덕(道德, morality)을 발전시킨 형태로, 도덕 자체를 더욱 개념화하고 체계화 시킨 것을 말하며, 인간의 사회규범(社會規範)을 고급스럽게 표현하거나 의미할 때』 쓰인다.

윤리(倫理)는 알고만 있으면 안된다. 아는 것을 실천하는 자세가 중요한데, 인간 개개인의 입장에서 윤리를 실천한다는 것은 도덕 때문이고, 이 도덕을 실천하는 것을 사회적 이론이나, 학문으로 표현 할 때는 윤리라고 부르는 것이다. 그래서 조금 더 쉽게 설명을 하면, 우리가 초·중·고 학창시절에 각 단계별로 교육을 배웠는데, 바른생활(초등학교), 도덕(중학교), 국민윤리(고등학교) 순으로 배웠다.

다. 동양과 서양의 윤리적 특성

우리는 서두에서 생물학적, 심리학적인 측면의 『인간과 사회의 관계 형성의 필요성』에 대해서 그 이유를 살펴보았다.

앞에서 윤리는 『인간이 서로가 서로에게 피해를 주지 않기 위해서, 도덕적인 부분에서 지켜야 할 사항들을 암묵적으로 정해놓은 규칙이며 약속』으로 재해석하였다. 그래서 윤리는, 해당 시대를 살아가는 사람들의 보편적인 의식에 따라 정해지므로, 시대와 장소, 구성원들의 특성에 따라서 조금 달라질 수 있다.

그렇다면, 동양과 서양의 윤리는 어떤 의미로 해석 할 수 있을까? 실제로, 오늘날의 동양과 서양의 윤리는 그 내용이 거의 같은 의미로 구성되어 있지만, 그 어원과 유래는 조금씩의 차이가 있으며, 종교, 사회, 시각, 의식 등에 차이가 있다.

(1) 동양 윤리의 해석

동양에서 윤리(倫理, ethics)는 매우 여러 가지의 의미를 담고 있다.

『사람과 사람 사이에 오고가는 따뜻한 정(情)』, 『위와 아래를 어우르는 순수한 질서(秩序)』, 『사람들 간에 지켜야 할 올바른 행위(行爲)』, 『천륜(天倫)을 지키는 것』등의 항목이다.

〈조선시대 단원 김홍도 作 '서당', 출처 : 국립중앙박물관〉

윤리의 발전의 시작을 불교, 유교, 도교 등의 영향으로, 그 기초를 종교 문화의 사상까지 깊이 두고 있으며, 특히, 사람과의 윤리적 심판의 관계를 하늘의 신까지 관장하는 매우 엄중한 윤리의식을 강조하였다.

당시의 왕권과 지배계층은, 신분상의 절대적인 권력의 강화를 위해서『섬기고 모시는 문화』를, 인간관계의 매우 중요한 요소로 만든 것이다.

〈조선시대 단원 김홍도作 '연광정에서의 연회', 출처 : 국립중앙박물관〉

특히, 동양사회에서는 천륜(天)과 인륜(人倫)의 의미가 등장하는데, 천륜은 인간에게 필연적인 부자관계와 같은 혈육관계(血肉關係)를 말하며, 인륜(人倫)은 임금과 신하, 부자, 형제, 부부 등 인간사회에서 후천적으로 맺는, 전체의 인간관계를 포함하는 의미의 매우 폭넓은 용어로 사용되었다.

〈'1903년 서울의 결혼', 출처 : 외국인 기지 촬영〉

천륜과 인륜의 준수는 사회적으로나, 종교적으로나, 모두 매우 엄격한 규율(規律)과 규범(規範)의 잣대로 평가받았다. 이와같은 동양 윤리사상은 대표적인 필독서인 논어, 맹자, 삼강오륜, 세속요계 등에 담겨져 오늘날의 후세들에게까지 전해졌으며, 시대에 따라 변화는 되었지만, 그 근간(根幹)은 우리사회에 아직도 많이 남아있다.

〈'1903년 높은 벼슬의 집안', 출처 : 외국인 기자 촬영〉

입대 전 알아두기 **부사관의 역할 (육규112 부사관 인사관리)**

- 부사관의 정체성 : 군 전투력 발휘의 중추
- 부사관의 역할
  - ◦ 소부대 전투 지휘자
  - ◦ 부사관·병 교육훈련 교관
  - ◦ 전투장비 운용전문가
  - ◦ 전투준비태세 유지를 위한 부대관리자
  - ◦ 전투위주의 부대전통 계승·발전자
- 5대 핵심과제
  - ◦ 소부대 전투기술 및 개인 전투준비
  - ◦ 병기본 및 주특기 훈련
  - ◦ 전투장비 운용·유지
  - ◦ 전투력 유지를 위한 병력관리
  - ◦ 전투준비태세 유지를 위한 물자 ◦ 시설 ◦ 급양관리

참 고 우리나라 신라시대 화랑의 윤리덕목

- **세속오계(世俗五戒)** : 신라 진평왕 때 승려 원광(圓光)이 화랑에게 일러 준 다섯가지 계율로, 후에 화랑도의 신조가 되어 삼국통일의 기초를 이룩하게 하는 데 크게 기여

<2016년 KBS 作 드라마 '화랑', 출처 : KBS>

1) 사군이충(事君以忠)
   : 임금에게 충성
2) 사친이효(事親以孝)
   : 어버이에게 효도
3) 교우이신(交友以信)
   : 믿음으로 벗을 사귐
4) 임전무퇴(臨戰無退)
   : 싸움에 물러서지 않음
5) 살생유택(殺生有擇)
   : 살아있는 것을 죽임에는 가림이 있어야 함

참 고 우리나라 고려와 조선시대의 윤리덕목

- **삼강오륜(三綱五倫)** : 유교(儒敎)의 도덕에서 기본이 되어, 우리나라의 오랜 사회 윤리덕목으로 활용. 세가지 강령(삼강,三綱)과 다섯가지의 도리(오륜,五倫)로 이루어졌으며, 이중 오륜은 맹자로부터 체계정립 및 파생

◦ 삼강(三綱)

1) 군위신강(君爲臣綱) : 신하는 임금을 섬기는 것이 근본임
2) 부위자강(父爲子綱) : 아들은 아버지를 섬기는 것이 근본
3) 부위부강(夫爲婦綱) : 아내는 남편을 섬기는 것이 근본

◦ 오륜(五倫)

1) 부자유친(父子有親) : 아버지와 아들 사이의 도리는 친애가 있어야 함
2) 군신유의(君臣有義) : 임금과 신하 사이의 도리는 의리가 있어야 함
3) 부부유별(夫婦有別) : 남편과 아내 사이의 도리는 서로 침범하지 않음에 있어야 함
4) 장유유서(長幼有序) : 어른과 어린이 사이의 도리는 엄격한 차례가 있고 복종해야 할 질서가 있어야 함
5) 붕우유신(朋友有信) : 벗과 벗 사이의 도리는 믿음에 있어야 함

(2) 서양 윤리의 해석

서양에서 윤리(倫理, ethics)는 그리스어로 ethos, 라틴어로mores, 독일어로 sitte이며, 모두 똑같이 그 의미는 『습관이 된 풍속』이란 뜻을 가지고 있다. 즉, 윤리는 자연환경에 순응하고 각기 그 집단과 더불어 생활하여 온 인간이 한 구성원으로서 살아가는 방식과 관습 속에서 생긴 것이며, 생활 관습의 경험을 정리해서 공동체의 생활과 사회의 공존(共存)을 위해 인간 집단의 질서나 규범을 정하고 그것을 엄격하게 지켜나간 데에서 유래된 것이다.

〈아리스토 텔레스의 윤리학 : 교수에게 아이를 소개하는 부모, 출처 : 프랑스국립박물관〉

개념정리

- **도덕(道德, morality)**
  : 개개인이 가진 심성(心城) 또는 덕행(德行)
  → 개인의 마음 또는 실천적 항목 표현
- **윤리(倫理, ethics)**
  : 도덕의 개념을 발전시킨 형태, 도덕을 개념화하고 체계화 시킨 것
  사회규범(社會規範)을 표현하거나 의미
  → 고급스러운 사회적, 이론적 표현
- **동양에서의 윤리(倫理, ethics)의 해석**
  : 정(情) + 질서(秩序) + 올바른 행위(行爲) + 천륜(天倫)
  + 엄격한 규율(規律) + 규범(規範)
- **서양에서의 윤리(倫理, ethics)의 해석**
  : 공동체 및 사회 공존(共存)을 위한 질서, 규범 준수
  : ethos(그리스어) = mores(라틴어) = sitte(독일어)
  = '습관이 된 풍속'

1-3. 인간과 윤리의 관계 및 사회윤리

가. 인간과 윤리의 관계

이 책의 서두에서 고대 원시시대 인간은 생물학적인 이유로, 현대의 인간은 심리학적인 이유로, 사회를 구성하게 되었다고 기술하였다. 원시시대에서 인간의 사회조직 구성은 생존과 직결되는 매우 중요한 요소였다. 사회조직의 범위를 조금 더 세분화하자면, 조직사회의 가장 기초적인 시작은 바로 가정이다. 때문에 인간의 사회성 교육이 가정교육에서부터 시작된다는 말도 틀린 말은 아니다.

원시시대 인간은 가정을 이루면서, 여러 가지가 변화하였다. 특히, 어두운 동굴이나, 움막과 같은 안식처가 필요했고, 따뜻한 체온과 온기를 유지할 수 있는 불이 필요했다. 처음에는 단순히 가정을 유지할 수 있는 지극히 생존적인 것들만 필요했는데, 점점 개체수와 가정의 숫자가 늘어가면서, 도덕 개념의 윤리가 필요하게 되었다.

〈원시시대 동굴 생활, 출처 : 문경 석탄박물관〉

식량을 얻기 위한 사냥하는 남성과, 자식을 보호하고 기르는 여성의 생활에서, 실질적 주도권은 식량과 가족을 부양하는 남성이었다. 그래서, 가정의 중심인 가장의 권위가 세워졌고, 공동사냥과 농사에서 일한 만큼을 배분하는 것에 대한 규칙, 타인의 가정을 침범하지 않는 것, 안전보장 등의 항목이 초기 윤리의 기본이 되었다.

〈원시시대 움막 및 내부생활,
출처 : 용산 어린이 박물관, 강화도 고인돌 유적지〉

나. 인간의 윤리 실천에 관한 문제점

과연 오늘날의 현대인들은 얼마나 더 도덕적이고, 더 윤리적으로 변화하였을까? 이 문제에 대해서 여러 사회·심리학자들이 모여서 질문을 던졌지만, 별로 크게 달라진 것이 없다는 견해가 많았다.

그렇다면, 인간이 윤리를 실천하지 못하는 이유는 무엇일까?

그것은 정말 몰라서인 무지(無知), 본인의 삶에만 충실한 무관심, 본인 스스로가 절제의 노력과 능력이 부족해서 오는 '무절제' 때문이라고 문제점 인식이 되었다.

(1) 무지(無知, ignorance)

무지(無知)에서 오는 문제점은, 인간이 무엇이 옳고, 그른지 모르기 때문에 비윤리(非倫理)적 행위를 저지른다는 매우 기초적인 사고(思考)에서 그 논리의 주장이 시작된 것이다.

예를 들어, 연인관계가 아니어도 친근감의 표시로 이성의 볼에 가벼운 입맞춤을 맞추는 문화의 미국인이, 우리나라 조선시대의 아녀자(여자)에게 같은 방식으로 볼에 가벼운 입맞춤을 하는 인사행동을 하였다면 그것은 당시 조선시대 아녀자에게는 정절을 손상한 것과 같은 엄청난 실수가 될 수 있는 문제라는 것이다. 그러나, 이와 같은 일은 사실상 이제 거의 없다. 이유는 인터넷과 스마트폰의 발달, 매스컴과 영상매체의 풍요로 인하여 세계의 문화가 널리 알려지고 있기 때문이다.

〈조선시대 신윤복作 '월하정인', 출처 : 국립중앙박물관〉

무지(無知, ignorance) 즉, 윤리에 대해서 모른다는 것은, 그 사람이 성장하거나 위치한 환경이, 옳고 그름을 판단할 수 있는 기초적 사고(思考)가 부재될 수밖에 없다는 것이고, 만약 이러한 상황이라면, 일반적이지 않기 때문에 전혀 다른 결과가 도출될 수 있다는 것이다.

(2) 무관심(無關心, indifference)

자신의 현재의 행위가 비윤리적이라는 것을 잘 알고 있지만, 일반적인 윤리의 기준에 따라 행동한다는 사실을 중요하게 여기지 않는 것을 말한다.

이러한 경우에 있는 대부분의 사람들은 본인 스스로의 삶이 너무 각박하거나, 감당하기에 힘든 역경에 처해 있거나, 아니면 본인 스스로의 삶에만 충실하려고 하고, 그 외의 것들은 모두 등한 시 하려고하는 개개인의 성격적인 요소에서 무관심화가 되는 경우가 많다.

〈1989년 사진작가 론 올시왱어 作
'소방관의 필사적 인공호흡'
출처 : 퓰리처상 수상작〉

(3) 무절제(無節制, immoderation)

무절제의 경우는 기본적으로, 자신의 행위가 분명히 잘못이라는 것을 너무 잘 알고는 있는 상태인 경우이다. 그러나, 본인 스스로가 절제 노력과 능력이 부족해서, 비윤리적 행위를 저지르는 상태를 무절제라고 한다.

무절제의 원인은, 소시오패스(Sociopaths, 반사회적 인격장애자)나 사이코패스(Psychopath, 반사회적 성격장애자)와 같은 성격의 결함, 고도의 개인주의, 물질만능주의가 대표적 원인으로 꼽힌다.

정신적인 문제가 발생한 사람들이 주변 환경에서의 욕구불만과 충동 조절장애 등 절제의 노력과 능력이 부족해서 생기는 것이다.

인간의 무절제에 관한 예로, 『메두사의 뗏목』이라는 명화에 관한 이야기가 있다. 프랑스의 낭만주의 화가 테오도르 제리코(Thedore Geicault, 1791~1824) 대표작인데, 인간의 비윤리성에 초점을 두고 참혹한 실화를 담은 그림으로, 현재 프랑스 루브르 박물관에 소장되어 있다.

참 고

- 소시오패스(Sociopaths, 반사회적 인격장애자)

  : 반사회적인 흉악범죄를 저지르고도 자신의 행동에 대한 죄책감이 없고, 타인에 대한 동정심이 없는 인격 장애

- 사이코패스(Psychopath, 반사회적 성격장애자)

  : 생활 전반에 걸쳐 다른 사람의 권리를 무시하거나 침해하는 성격 장애

* '소시오패스'는 '사이코패스'와 비슷하다고 생각될 수 있지만, '소시오패스는' 잘못된 행동이라는 것을 인지한 상태에서 범죄를 저지르는 것이며, '사이코패스'는 잘못된 행동이라는 개념 자체가 없는 상태에서 범죄를 저지르는 것으로, 이 점에서 큰 차이점이 있다.

테오도르 제리코의 그림은 가로 폭이 4.9m나 되는 거대한 작품이며, 실화를 바탕으로 영감을 얻어 그려진 작품이다. 1816년 여름, 프랑스는 아프리카 식민지 개척 목적의 거대한 범선 메두사호를 대서양에 띄운다. 그러나, 7월2일 암초에 부딪혀 배는 산산조각났고, 난파되었다.

〈테오도르 제리코 1819년 作 메두사의 뗏목, 출처 : 프랑스 루브르 박물관 소장〉

배에 승선한 탑승자 총 400명에서 250명은 구명정으로 탈출하고, 나머지 149명은 뗏목을 만들어 필사적 탈출을 하게 된다. 7월 11일 뗏목의 생존자는 15명으로 줄었고, 이후, 싸움과 갈증, 질병과 식인(食人) 활동으로, 15일 이후, 최후의 생존자는 단 10명 뿐이었다.

당시에 실화를 바탕으로 그려진 이 그림은 인간의 비윤리적 측면을 보여주는 대표적인 그림으로, 사회 그리고 미술계에서 커다란 충격으로 받아들여진다. 하지만, 반대로 그림이 주는 메시는 희망과 반성이다. 인간 스스로의 도덕적 계몽과 희망 등 윤리적 재건의 의미를 담은 매우 뜻깊은 작품이다. 현재까지 명화로 평가받아, 프랑스 루브르박물관에 전시되어 있다.

개념정리

- **인간이 윤리를 실천하지 못하는 원인**

  1) 무지(無知, ignorance)

  : 사람, 환경에 따라서, 행위의 옳고 그름을 판단하는 기초적 사고가 부재될 수 있으며, 전혀 다른 결과 도출가능

  2) 무관심(無關心, indifference)

  : 윤리를 인지하고 있으나, 본인의 삶에만 충실

  3) 무절제(無節制, immoderation)

  : 윤리를 인지하고 있으나, 본인 스스로가 절제 노력과 능력이 부족해서, 비윤리적 행위를 저지르는 상태

다. 사회윤리(社會倫理, social ethics)의 정의 및 개념

사회(社會, society)는 사전적 의미로, 『같은 무리끼리 모여 이루는 집단』으로 정의되어 있으며, 다시 사회학적인 정의를 하자면, 『공동생활을 영위하는 모든 형태의 인간 집단. 가족, 마을, 조합, 교회, 계급, 국가, 정당, 회사 따위가 그 주요형태』가 된다.

사회윤리(社會倫理, social ethics)는 『사회구조나 질서 또는 제도와 관련된 윤리문제에 대한 도덕적 규범』으로 정의할 수 있으며, 즉, 인간이 필요로 하는 사회를 이루고 살고자 함에 있어서, 본연의 동물적 특성, 개개인의 욕구를 규제하고, 아울러, 공평한 사회가 되도록 인간 스스로가 정한 규범이다.

〈1830년 외젠 들라크루아 作 '민중을 이끄는 자유의 여신', 출처 : 루브르박물관 소장〉

이와 같은 사회윤리(社會倫理, social ethics)의 형성배경은 인간이 생물학적 동물이라는 특성과 철학적으로 사회적 동물이라는 점에서 밀접한 관계를 두고 시작되었다. 개인에서 가정으로, 가정에서 집단으로, 집단에서 커다란 개념의 사회로 점차적인 규모가 크게 확산된 것이다.

개인의 윤리는 비교적 작은 개념인 가정에서 시작하였는데, 원시시대 때, 가장의 권위가 세워졌고, 공동 사냥과 농사에서 일한 만큼을 배분하는 것에 대한 규칙, 타 가정을 침범하지 않는 배우자와 자식에 대한 안전보장 등이 윤리의 기본이 되었다는 내용을 앞에서 설명하였다. 사회는 보다 큰 개념이다.

〈기산 풍속도첩 '밭갈이'
출처 : 한국민족문화대백과〉

용어정의

• 사회(社會, society)
: 같은 무리끼리 모여 이루는 집단

* 공동생활을 영위하는 모든 형태의 인간 집단. 가족, 마을, 조합, 교회 계급, 국가, 정당, 회사 따위가 그 주요형태

• 사회윤리(社會倫理, social ethics)
: 사회구조나 질서 또는 제도와 관련된 윤리문제에 대한 도덕적 규범'

* 인간이 필요로 하는 사회를 이루고 살고자 함에 있어서, 본연의 동물적 특성, 개개인의 욕구를 규제하고, 아울러, 공평한 사회가 되도록 인간 스스로가 정한 규범

라. 인간과 사회윤리와의 관계

인간의 윤리는 인간과 사회의 형성을 그 기초로 두고 매우 중요하다. 그러나, 현대의 인간과 사회윤리의 관계는 다소의 충돌이 형성된다.

그 이유는 인간은 인간이 가진 동물적 특성에 때문에, 기본적인 욕구충족에 방해가 되는 사물이나 행동을 싫어하는 태도를 갖기 때문이다. 그렇기 때문에 개인의 본능과 사회적 동물로서의 역할을 담당하는 측면에서 끊임없이 충돌이 생기게 된다.

그러나, 사회의 생산적인 측면에서는 또 다른 견해도 있다. 어느 한 개인의 생산된 물건의 물질적 본능적 욕구가 개인으로 충족되는 것이 아니라, 무척 많은 사람들과의 협력을 통해서 얻어지기 때문에, 그 또한 사회윤리를 필요로 여긴다는 것이다.

예를 들어, 어떤 개인이 최신형 자동차를 소유하고 싶은 욕구가 있다고 하자. 본인 혼자서 자동차를 직접 만들려고 한다면, 무척이나 오랜 시간이 걸리거나, 불가능할 수도 있다. 하지만 현대 사회는 산업화 되어있고, 또 분업화 되어있다. 그래서, 구매하고 싶은 욕구가 있는 사람은 직업을 통한 경제활동으로 충분한 돈만 번다면, 또 다른 누군가의 노력으로 생산된 자동차를 살 수 있는 것이다.

그렇지만, 표면상으로는 쉽게 보이는 이 관계가 다소 복잡한 과정을 거친다. 실제로는 직장이라는 조직 속에 일을 하는 많은 사람이 있기 때문이다. 여러 명의 사람

들과 직장 관련된 일을 한다는 사실은, 여러사람들과 업무적으로 관계를 가지면서 생기는 스트레스가 많이 발생한다는 사실도 된다.

인간관계의 복잡한 과정은, 보다 도덕적으로, 윤리적으로, 효율적으로, 인내를 통해서 극복해야 한다. 그래서, 사회윤리의 개념은 더욱 복합하다.

〈사회윤리적 합의를 통한 자동차 생산 활동, 출처 : 이뉴스투데이, 인터넷 개인블로그〉

마. 인간의 사회윤리 실천에 관한 문제점

인간은 생물학적으로 열세하고 나약한 존재이다. 그러나 혹자는 인간의 육체(肉體)를 지배하는 것은 정신(精神)이라는 명언을 이야기 말했다.

『정신일도 하사불성(精神一到 何事不成)』이라는 고사성어가 있다. 이 고사성어는 송나라 때의 주자(朱子, 송나라 때의 주희를 높이어 부르는 말)라는 학자가 한말로, 『정신(精神)을 한 곳으로 하면 무슨 일인들 이루지 못할 일이 없다는 뜻으로, 정신(精神)을 집중(集中)하여 노력(努力)하면 어떤 어려운 일이라도 성취(成就)할 수 있다는 말』이다.

참 고

- **정신일도 하사불성(精神一到 何事不成)**
  : 정신(精神)을 한 곳으로 하면 무슨 일인들 이루지 못할 일이 없다는 뜻으로, 정신(精神)을 집중(集中)하여 노력(努力)하면 어떤 어려운 일이라도 성취(成就)할 수 있다는 말

  *** 출전 : 주자어류(朱子語類) 중에서,**
  - 주자어류 송(宋)나라의 함순(咸淳) 6년에 여정덕(黎靖德)이 주자(朱子)와 그 문인(門人)들과의 문답(問答)을 집성한 책(冊). 140권

그렇다면, 인간의 사회윤리 실천하지 못하는 문제점은 무엇일까?

앞서 윤리를 실천하지 못하는 이유에 대해서 무지(無智), 무관심(無關心), 무절제(無節制)의 3가지가 이유였음을 확인했다. 사회윤리를 실천하지 못하는 이유는 타성(惰性), 태만(怠慢), 망설(妄說, 거짓말)의 3가지로 볼 수 있다. 이것들은 모두 도덕성으로 부재로부터 비롯된 것으로 보여진다.

(1) 타성(惰性, inertia)

인간의 여러 가지 행동학적 특징 중에 하나는 나태함과 게으름이다. 사회윤리에는 바로 이러한 도덕적인 타성으로, 바람직한 행동이 무엇인지 알면서도 취해야할 행동을 취하지 않는 무기력한 모습도 그려진다.

우리가 직면하는 윤리문제에 대하여 무감각하거나 행동하지 않는 것을『도덕적 타성』이라고 하는데, 이러한 도덕적 타성이 생기면, 인간의 일상생활에서 사회윤리의 실천이 선택순위에서 계속 뒤로 밀려가게 되는 것이다.

사람의 행동이나 사회현상을 보면 일정한 행동의 패턴을 계속 반복하게 되는데, 이것이 생활습관, 사고방식, 윤리, 범죄 등에 이르기까지 매우 폭넓게 패턴이 유지되는 경향을 볼 수 있다. 즉, 물리학에서의 관성의 법칙처럼, 인간의 윤리행동패턴도 같은 방향과 방식대로 처리하려는 특징을 가지고 있다.

〈관성의 법칙을 이용한 해머던지기, 출처 : 두산백과〉

(2) 태만(怠慢, negligence)

인지력이 있는 인간의 경우, 윤리의 실천 부재의 이유가 무관심이라고 했다면, 사회윤리의 경우는 예상되는 부정적인 결과 자체를 피하기 위해서, 본인이 방치, 방관하는 형태의 태만행위를 하게 된다.

즉, 인지하고 있는 사회윤리 의식에 대하여, 그 책임 등의 문제를 회피하기 위하여 필요한 주의나 관심을 기울이지 않는 것을 말하며, 이것은『도덕적 태만』이라고도 표현한다. 사전에 어떤 일에 대하여 미리 그 결과가 나쁠 것을 알고 있지만, 자신의 행위가 그러한 결과를 가져올 수 있다는 것을 모르거나, 모르는 것으로 결부시키는 경우이다.

〈짐바르도 교수〉

매우 흥미로운 연구사례가 하나있다. 그 실험은 사회윤리에 대해서 매우 잘 적응하고 실천을 하고 있는 인간이 환경적 변화에 의하여, 변할 수 있는지에 대한 연구 실험이다. 미국 스탠퍼드 대학의 심리학과 교수로 재직중인 짐바르도(Philip George Zimbardo, 1933~생존) 교수의 연구였는데, 1971년에 실제로 일반인들을 대상으로 감옥에 관한 실험을 하였다.

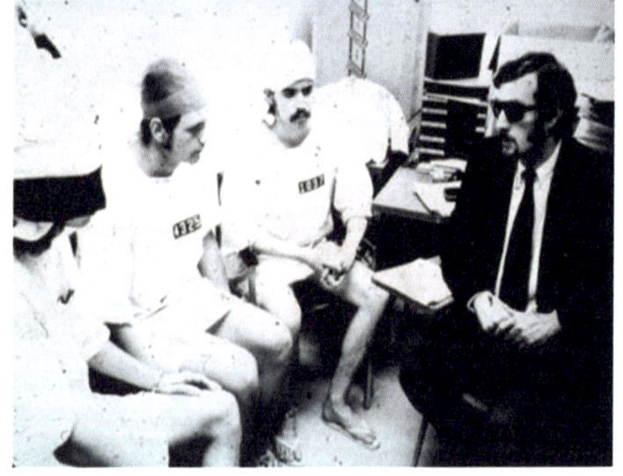
〈스탠퍼드대학 연구팀의 1971년 감옥실험 사진〉

스탠퍼드대학 심리학과 건물에 가짜 감옥을 만들어, 정상적인 일반남성 24명에게 죄수 및 교도관 역할극을 하게 하였는데, 이 실험은 예상보다 빠른 6일차에 종료될 수 밖에 없었다. 피시험자들의 역할 충실로, 안전을 위해 예상보다 더 일찍 종료한 것이었다. 실험 결과는 놀라웠다. 이들은 실험이 시작되자마자 짐바르도의 교수의 통제를 벗어났으며, 교도관 역할자들은 수감자들에게 굴욕적으로 대하기 시작했다. 교도관 역할의 일반인들이 시키지도 않은 일반인 수감자들을 향한 가혹행위를 시작했고, 36시간이 지나자, 수감자들은 다시 큰 폭동을 일으킨 실험 결과가 도출되었다. 이는 매우 충격적인 결과였고, 한 가지 더 놀라운 사실은 이들은 불과 며칠 전까지 모두 정상적인 사람들이었다는 점이었다.

위의 실험은, 사회윤리가 숙달된 인간이 환경에 맥없이 무너진 행태로, 『도덕적 태만』의 대표적인 경우에 해당될 것이다. 이 충격적인 실험을 바탕으로, 2002년에 독일에서 영화가 제작되었고, 2010년에 『엑스페리먼트(The Experiment)』라는 영화로 리메이크 제작되어 이 사건이 세간에 다시 한 번 큰 화제가 되었다.

<영화 '엑스페리먼트(The Experiment)' 2010년 作>

(3) 망설(妄說, untruth, 거짓말)

망설(거짓말)이란 '상대를 속이려는 의도로 표현되는 메시지'라고 할 수 있다. 사회적 동물인 인간은, 그 거짓말 또한 미화시켜 '선의의 거짓말'과 '악의의 거짓말'로 구분하였다. 또 어떠한 이들은 철학적인 이유를 내세워, 선의의 거짓말에 대한 정당성의 문제에 대해서 많은 논리와 주장들을 펼치기도 했다. 이처럼 사회에서 암묵적인 거짓말은 침묵이나 표정 등의 방법으로도 행해질 수 있으나, 주로 말이나 글로 표현되는 거짓말을 상대를 속이려는 목적과 의도가 강한 거짓말로 분류한다.

인간 거짓말의 3가지 유형은, 첫째, 사회에서 자신의 입장과 처지보호를 목적으로 하는 『자기보호적 거짓말』, 둘째, 사회에서 우호적인 인간관계를 맺고 있는 『제 3자의 보호 및 변호를 위한 거짓말』, 셋째, 『타성에 젖은 당연하고 무감각한 거짓말』이다.

〈영화 '피노키오의 모험(Pinocchio)', 2013년 作〉

위와 같은 망설(거짓말)을 하는 이유는 크게 사회 속에서의 지위(혹은 그 지위의 유지), 습관처럼 굳어져 버린 형태로, 이 역시 사회윤리를 실천하지 못하는데 큰 원인으로 확인되었다.

개념정리

- 인간이 사회윤리를 실천하지 못하는 원인

  1) 타성(惰性, inertia)

  : 도덕적 타성과 내성의 개념으로, 『관성』과 같은 행동 습성이 패턴화되어 사회윤리 실천의 우선순위가 무감각하게 계속 뒤로 밀릴 수 있음

  2) 태만(怠慢, negligence)

  : 사회윤리 의식에 대하여, 그 책임 등의 문제를 회피하기 위하여 필요한 주의나 관심을 기울이지 않는 것

  3) 망설(妄說, untruth, 거짓말)

  : 사회에서 자신 입장과 처지 보호목적의 『자기보호적 거짓말』 사회에서 우호적 인간관계에서 맺고있는 『제3자의 보호 및 변호를 위한 거짓말』, 『타성에 젖은 당연하고 무감각한 거짓말』

1-4. 인간과 직업의 관계 및 직업윤리

가. 인간과 직업의 관계

인간(人間, human)과 직업(職業, job, vocation)은 어떤 관계가 있을까?

생물학적인 측면에서의 직업은, 원시 시대 야생에 인간의 있었다면 생존을 위해 실시한 사냥과 농사가 직업이라고 말할 수 있겠다. 심리학적인 측면의 직업은, 이때 산업화된 문명사회의 다양한 일과, 사람들이 선호했던 비교적 사회적 지위가 높은 일까지가 직업이라고 할 수 있겠다.

〈18세기 영국에서부터 시작된 산업혁명, 출처 : 두산백과〉

이처럼 인간과 사회, 그리고 직업은 서로 깊게 연관되어 있음을 짐작할 수 있는데, 시대와 환경에 따라 직업선호도가 변한다는 매우 독특한 특징이있다. 오늘날 현대의 직업은 매우 다양한 복잡하며, 가족부양이라는 목적에서, 점차적으로 자아실현과 부의 축척 등의 이유로 변모하였다.

통계자료에 의하면, 2011년 기준으로 우리나라의 직업의 수는 약 1만 1655개, 일본은 1만 7209개, 미국은 3만 654개(직업의 수 자료, 경기일보 '17.6.28일자 기사 인용)로 매우 많은 직업이 있다는 것을 알 수 있다. 통계 숫자에 나타난 바와 같이, 선진국일수록 직업은 더욱 세분화되어 있으며, 단순화되어있다.

〈G20국가, 출처 : 대외경제정책연구원〉

나. 직업의 정의 및 의미의 해석

(1) 직업(職業, job, vocation)의 정의

직업(職業, job, vocation)은 『생계의 유지를 위하여 자신의 적성과 능력에 따라, 일정한 기간 동안 계속 종사하는 일』로 정의되어 있다.

즉, 사람은 사회에서 도리를 지켜가면서 살아가는'윤리'에 정신적 뿌리를 두고, 생계를 위해서 끊임없이 사회활동과 일을 해야 한다는 것을, 사전적 정의에서 유추할 수 있다.

(2) 직업(職業, job, vocation)의 의미

직업(職業, job, vocation)은『한 인간이 독립적인 삶을 꾸려가려고 자발적으로 하는 지속적인 경제활동』의 의미이다.『직(職)』은 사회적 지위나 역할의 분배인 직분(職分)을 의미하며,『업(業)』은 일 또는 행위로서, 생업(生業)을 말한다.

서양에서의 직업은 '하늘을 우러러 한 점 부끄럼 없는 떳떳하고 당당한 일, 신의 부름, 소명을 받은 일'이라는 의미가 있다. 즉, 신이 나를 불러서 맡긴 것이며, 이 직업에 전심전력을 다해 좋은 결과를 맺을 때, 신이 나를 축복하고 구원한다는 프로테스탄트(protestant 개신교, 기독교) 윤리에서 비롯된 말이다.

참 고

- **서양적 의미의 직업(職業, job, vocation)**

  : Vocatio(라틴어) = Calling(영어) = Beruf(독일어)
  = Vacation(불어) = 천직(天職)

*** '하늘이 맡긴 일, 떳떳하고 당당한 일'로 인식**

(3) 윤리(倫理, ethics)에서 직업(職業, job, vocation)의 의미

직업은 생계수단으로서 생활에 필요한 경제적 보상을 주고, 평생에 걸쳐 물질적인 보수 외에 만족감, 명예 등 자아실현의 중요한 기반이 되며, 사회적 봉사의 수단으로서 기능을 한다.

그러나 직업을 정의하고 분류할 때 유의해야 할 점이 있다. 인간사회가 발전함에 따라 수많은 사람들의 협력이 사회적으로 조직화 되고 분업화되었으며, 직업은 이러한 분업화된 사회에서 한사람이 담당하는 체계화되고 전문화된 일의 영역을 가리키는 것이다.

〈 분업화된 전자제품 생산라인,
출처 : 한국민족문화대백과 〉

따라서, 전문화된 일의 영역은 취미활동, 아르바이트, 강제노동 등과 같은 것도 있을 수 있는데, 이것은 생계(生計)와 생업(生業)으로 볼 수 없기 때문에, 이것을 직업의 영역이라고 볼 수는 없다.

용어정의

- **직업(職業, job, vocation)**
  : 생계유지를 위해 자신의 적성·능력에 따라, 일정기간 동안 계속 종사하는 일

개념정리

- **직업(職業, job, vocation) 의미**
  : 인간이 독립적 삶을 위해 자발적으로 하는 지속적인 경제 활동
  = 생계(生計) = 생업(生業) = 사회적 지위나 역할의 분배 + 행위

다. 인간과 직업윤리와의 관계

직업윤리(職業倫理, vocational ethics)란 『개인욕구를 바탕으로 특정한 직업에 종사하는 사람들이 지켜야 하는 행동규범』 또는 『직업생활에서의 윤리를 말하는 것』으로 『사회에서 직업인에게 요구하는 직업적 양심, 사회적 규범과 관련된 것』 등으로 정의되고 있다. 개인은 자아실현을 위해서 직업을 선택되므로, 엄밀히 말하면 인간과 직업윤리는 밀접한 연관성이 있다. 다만, 직업은 전문화되고 분업화된 특수상황이기 때문에 별도의 윤리덕목과 규범을 포함하고 있다.

아래의 사진은, 전쟁과도 같은 치열한 현대사회 직장인들의 삶을 소재로 한 케이블방송 드라마 '미생'의 광고 포스터이다. 현실적인 내용이 많은 독자들의 공감과 호응을 얻어, 인기 웹툰(webtoon)에서 드라마로까지 제작이 되었다. 생계, 생업 전선에 뛰어든 현대 직장인들이 직장에서 살아남기 위한 가슴 아픈 이야기라서 더욱 애달프다.

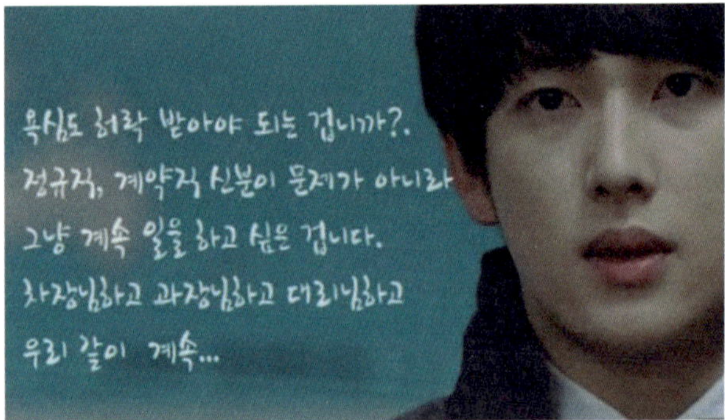

〈치열한 경쟁과 생존의 현대사회 직장인들을 소재로 한 드라마 '미생', 출처 : tvN드라마〉

용어정의

- 직업윤리(職業倫理, vocational ethics)
  : 『개인의 욕구를 바탕으로 특정한 직업에 종사하는 사람들이 지켜야 하는 행동 규범』 또는 『직업생활에서의 윤리』를 말하는 것
  * 개인의 자아실현을 위해서 직업을 선택
  → 엄밀히 말하자면, 인간과 직업윤리는 밀접한 연관성이 있음

1-5. 사회윤리와 직업윤리의 상호관계

가. 사회윤리(社會倫理, social ethics)의 중요성

현대 사회는 대체로 개인의 고유한 가치나 자율성이 중시되는 시대이다. 그러나, 인간은 혼자 살아갈 수 없는 존재이다. 따라서, 사회윤리를 지켜야 하며, 이 사회윤리에는 공동의 가치나 규범이 포함된다.

따라서 우리는 "어떻게 살아야 보다 더 인간답게 살 것인가"라는 질문을 해야 한다. 윤리의 문제는 이제는 공동을 구성하는 데에 있어서 매우 중요한 요소이기 때문이다.

인간과 달리, 동물들은 본능에 의해 움직인다. 생각의 사고가 아닌 본능에 의한 조건반사적으로 행동하기 때문에 윤리라는 개념이 성립되지 않는다.

그래서 가족 중심의 늑대, 인간과 유사한 영장류인 침팬지에게 윤리를 논하지 않는다. 인간만 이성적 판단이 가능하기 때문이다.

〈화목한 늑대가족, 출처 : 내셔널지오그래픽〉

하지만, 동물들과 달리 의식적으로 악을 행할 수 있다. 다른 사람이나 사회 집단에게 의식적, 의도적으로 고통을 가하거나 심각한 피해를 줄 수도 있다는 이야기이다.

그래서, 사회윤리는 스스로의 행동을 규제하기 위하여 반드시 필요하다.

〈그리스 밀집대형 전투, 출처 : 루브르박물관〉

다시 말해서, 인간은 옳지 못한 행동을 분별할 수 있는 이성을 가지고 있기 때문에, 의식적으로 그와 같은 행위를 자제할 수 있다는 말이다.

사회윤리의 형성은 공동체 생활을 하는 인간은 다른 인간과의 평온한 질서를 유지하기 위해서 필요한, 올바른 행동에 대한 기준을 제시한 것이다. 또한, 인간의 삶을 영위하는데 필요한 자원을 가용한 범위 내에서 합리적으로 분배하는데 기여하며, 개인과 공동의 의견 충돌 중 우선순위를 정하고, 갈등과 대립을 조정 및 해결할 수 있는 판단기준이 바로 사회윤리이다.

윤리에서 발생되는 문제는 인간의 이중성과 사회 특성 때문에 발생한다. 인간은 무조건적, 항상, 선하지 않고, 또한 항상 악하지도 않다. 인간의 사회구성원들의 자유의지나 결심에 따라 갈등과 대립은 조절 가능하고, 그 충돌의 양상 또한 크게 달라질 수 있다는 의미이다.

〈1973년 후잉 콩 닉 우트 作 '베트남 전쟁의 테러', 출처 : 퓰리처상 수상작〉

만약, 인간이 외딴 곳에서 혼자 살아간다면 윤리의 준수는 그다지 크게 필요하지 않을 것이다. 왜냐하면 윤리의 준수여부가 다른 사람에게 영향이나 피해를 주지 않기 때문이다. 즉, 사회 구성원으로서 살아갈 때만 영향력을 발휘하는 것이 바로 윤리의 개념이고, 또 반드시 필요한 것이 윤리이다.

〈1994년 사진작가 케빈 카터 作 '수단의 굶주린 소녀', 출처 : 퓰리처상 수상작〉

개념정리

- **사회윤리의 중요한 역할 및 기능**
  - **다른 인간들과의 평온한 관계 및 질서유지**
  - **인간의 삶을 영위하는데 필요한 자원의 합리적 분배 및 배분**
  - **개인과 공동의 의견충돌 시 우선순위 기준제시**
  - **갈등과 대립을 정하고 해결할 수 있는 판단기준 역할**

나. 직업윤리(職業倫理, vocational ethics)의 중요성

현대인은 대부분이 직장이라고 칭하는 필연적 특정 조직체에 소속되어있다. 그래서 직업에 종사하는 현대인으로서 누구나 공통적으로 지켜야 할 새로운 윤리기준을 적용하여 생활하게 되는데, 그것을 우리는 『직업윤리』 또는 『직장윤리』라고 말한다.

직업윤리가 중요한 이유는, 직업윤리가 사회윤리와 전혀 다른 듯 하지만, 사실 직업윤리는 바로 사회윤리에서 시작되기 때문에 연관성이 많다고 볼 수 있다. 그래서, 직업인들이 종사하는 직장은, 또 하나의 작은 인간사회라고 말할 수 있다.

이 직장은 오로지 직장(회사)를 위해 일하는 사람이 모인 곳이다. 또한 매우 전문화되어 있어서, 동료와 협력하지 않으면, 직장에서 요구하는 업무를 성공적으로 수행하기 매우 어렵다. 직업의 최고 사령탑에 있는 경영주는 직장인 개개인이 우선되기 보다는, 직장을 최우선으로 하는 헌신과 희생을 원한다.

〈'미생', 출처 : tvN드라마, 블로그〉

그렇다면 직업윤리의 내용은 직장에서 최말단 직원에게만 적용되는가? 그렇지 않다. 인간과 인간 사이의 윤리이기 때문에, 직장 상급자로서의 윤리의식과, 하급자의 윤리의식이 모두 존재한다.

직업윤리의 기본은 직장조직의 생존과 발전이다. 그래서, 경영자는 이윤의 창출을 위한 생산적인 활동을 최우선으로 고려한다. 직장 내에 여러가지 작은 윤리 항목들이 있겠지만, 직장에서도 상·하 계층의 직원간에 지켜야 할 직업윤리는 반드시 존재한다.

〈'미생', 출처 : tvN드라마, 블로그〉

직장의 상급자가 하급자에게 행해야하는 윤리와, 직장의 하급자가 상급자에게 행해야하는 윤리가 있다. 그러나, 한쪽에 집중되어 힘이 실리거나, 비도덕적인 부분에서의 방관은 직장의 폐사로 이어진다. 따라서 엄정한 잣대를 가지고, 탄력과 융통성있는 소통의 창구를 열어놓고 운영해야 한다.

직업윤리는 개인적인 차원 뿐만 아니라, 사회윤리로 시작한 폭넓은 윤리의 개념에서, 근로윤리와 공동체윤리로 세분화 할 수 있다.

개념정리

- **직업윤리((職業倫理, vocational ethics=직장윤리)에 대한 해석**
  : 현대인은 대부분이 직장이라고 칭하는 필연적 특정조직체에 소속된 직장인은 직장에서의 새로운 윤리기준 적용 및 준수 필요
  *** 직장윤리의 기본 : 직장 조직의 생존과 발전**
- **현대사회 직업인에게 필요한 직업윤리**
  - **사회 속 개인관계 규정 및 질서 유지 역할**
  - **기업, 단체 등에 특정 조직체 덕목과 규범 역할**

다. 사회윤리와 직업윤리의 연관성

지금은 고대 원시시대가 아니다. 우리는 현대문명의 한 부분에서 태어났고 성장했으며, 살고있다. 그래서, 지금 시대를 살아가는 사람들에게는 사회윤리도 존재하고, 직업윤리도 존재한다.

사회윤리는 이미 지금 나이까지 몸소 배웠다. 때가 되면 남자들은 직장에 소속되어 일을 하고. 여자들은 가정을 꾸리는 일을 하거나 남자처럼 직장인으로서의 삶을 살아가게 된다. 대부분의 사람들은 남녀 성별에 상관없이 직업을 갖게 살아가게 되는 것이다. 이 직업을 통하여 사람들은 경제력을 유지할 수 있게 되고, 그 결과로 얻어진 돈을 바탕으로 가족을 부양하거나, 하고싶은 일이나 자아를 실현하면서 살아간다. 따라서 지금 현대사회의 사람들은 기본적으로, 최소 2가지의 윤리 속에 포함되어 살아가게 된다.

직업윤리는 직장윤리, 특수윤리라고도 불려진다. 앞서 말한 바와 같이, 특수한 장소인 직장(회사)에서 현대인들이 지켜야 할 도리와 덕목이 되는 것이다. 직업인으로서 지켜야 할 윤리에는, 일반적인 사회 속에서 개인의 관계를 규정하고 질서를 유지시키는 보편적인 사회윤리와, 그 사회 속에서 각자의 자아실현과 목적달성을 위해서 소속된 기업, 단체 등 특정조직체의 일부로서 직업윤리를 실천하며 살아간다.

직업윤리(職業倫理, vocational ethics)와 사회윤리(社會倫理, social ethics)의 함수관계를 포함하자면, 사회윤리라는 매우 범주에, 직업윤리가 포함이 되어있는 형태라고 할 수 있다. 그러나, 사실상 직업윤리는 매우 섬세하며, 부분적으로, 사회윤리의 영역을 약간 벗어나기도 한다.

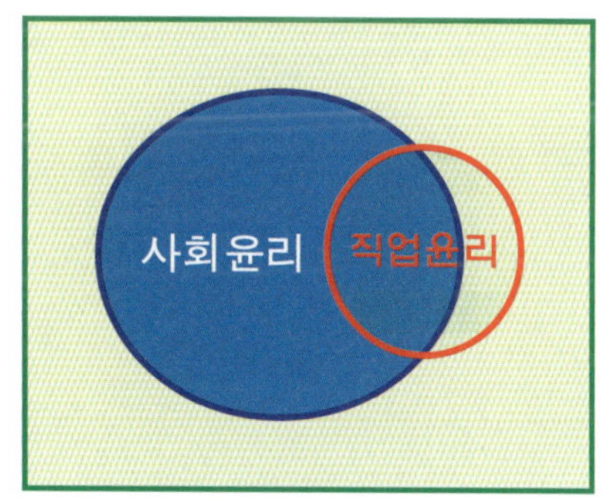

〈직업윤리와 사회윤리의 함수관계〉

주제토의

1. 동양과 서양의 윤리적 특성에 대하여 조별 토의 및 발표 하시오.

주제토의

2. 인간과 사회, 사회윤리의 관계에 대하여 조별 토의 및 발표 하시오.

주제토의

3. 사회윤리와 직업윤리의 관계와 차이점에 대하여 조별 토의 및 발표 하시오.

제 2 절 현대의 직업윤리 개념 및 필수요건

2-1. 현대사회의 직업윤리 개념

가. 직업윤리의 특징

직업윤리는 일반적으로 개인으로서 요구되는 정직, 성실, 책임, 의무 등의 윤리 덕목을 포함하고 있다. 또한, 공(公)과 사(私) 입장이 서로 충돌하기도 한다.

그러나, 직업윤리의 특수성 관점에서는 다른 직종에는 요구되지 않지만 특정 직업에 요구되는 윤리의 덕목이 있다. 따라서, 직업인은 보편적인 개인욕구를 토대로 공(公)과 사(私)의 구분, 동료와의 협조, 전문성, 책임감, 사회적 책임 등 직업윤리의 확립을 통해 존경받는 인간으로서의 인격을 완성하고 사회발전에 기여할 수 있어야 한다. 직업윤리란 직업을 가진 사람이라면 반드시 지켜야 할 공통적인 윤리규범을 의미하며, 어느 직장에 다니느냐에 따라서 다른 적용기준으로 구분하지 않는다.

직업윤리의 일반적인 덕목은 소명의식, 천직의식, 직분의식, 책임의식, 전문가의식, 봉사의식의 6가지로 정리할 수 있다.

개념정리

- 직업윤리의 6가지 덕목
  1) 소명의식 : 자신의 일이 하늘에서 맡긴 중요한 일이라는 생각과 태도
  2) 천직의식 : 자신의 일이 적성에 맞으며 열정으로 일하는 태도
  3) 직분의식 : 자신의 일이 사회·기업에 중요하다고 여기는 태도
  4) 책임의식 : 자신의 일에 대해 역할과 책무, 책임을 다하는 태도
  5) 전문가의식 : 자신의 일의 전문성을 위해 성실히 노력하는 태도
  6) 봉사의식 : 자신의 일에서 타인과 공동체에 봉사를 실천하는 태도

나. 개인욕구와 직업윤리의 조화

직업윤리는 개인욕구에 비해 특수성을 가지고 있다. 예를 들어 개인욕구의 덕목에는 타인에 대한 물리적 행사(폭력)가 절대 금지되어 있지만, 경찰관이나 군인 등의 경우 필요한 상황에서 그것이 허용된다는 점을 생각하면 쉽게 이해될 것이다. 개인욕구는 직업윤리와 잘 융합되고 조화를 이루어야 한다.

직업윤리가 기본적으로는 개인욕구는 바탕으로 성립되는 규범이기는 하지만, 상황에 따라 양자는 서로 충돌하거나 배치되는 경우도 발생한다. 이러한 상황에서 직업인이라면 직업윤리를 우선하여야 한다.

개념정리

- **직업윤리(職業倫理, vocational ethics)의 개인욕구와 서로 충돌가능**
  - **→ 충돌 시 보다 큰 직업관 및 직업의식 요구**
  - *** 충돌원인 : 업무의 집중, 가족의 희생, 기업중심의 사고 등**

2-2. 필수요건 Ⅰ : 근면 · 성실 · 봉사 · 책임의식

가. 필수요건 Ⅰ : 근면의 자세

(1) 근면의 의미

만약 어떤 직장인이 자기중심적이고, 게으르며, 시간을 지키지 않을 뿐 만 아니라 출퇴근시간도 제대로 지키지 않는다면 이런 직장인이 소속된 조직의 분위기와 단합에는 어떠한 영향을 미칠 것인가?

아마 부정적인 영향을 미친다는 것은 자명한 일일 것이다. 성공적인 직업생활을 위해서는 자신의 능력도 중요하지만, 부지런한 자세인 근면한 태도가 매우 중요하다.

근면(勤勉)이란 『부지런히 일하며 힘씀』으로 정의된다. 인생의 성공은 근면과 밀접한 연관성이 있다. 유대인의 속담에 『성공도 실패도 모두 나의 버릇에서 온다』라는 말이 있다. 개개인이 지니고 있는 근면이나 게으름은 본성에서 나오는 것이라기보다 습관에서 연유된 경우가 많기 때문이다. 어렸을 때의 가정환경이나 가정교육, 학교교육도 커다란 영향을 미친다.

따라서 직업을 가진 사람은 일상생활에서부터 근면을 습관화 하는 것이 매우 중요하다.

이러한 근면한 습관은 향후에 그 사람을 성공으로 이끌어주는 지름길이며, 성공하는 사람들의 기본조건이기 때문이다.

〈출처 : 국방홍보원〉

(2) 근면한 자세의 필요성

직장생활에서 일을 하면서 우리가 경험하기 쉬운 갈등은 능동적이며 적극적인 태도로 일을 많이 할 것인가? 아니면 수동적이며 소극적인 태도로 일을 적게 할 것인가? 하는 것이다.

심리적 요인일 수도 있으나, 자기 사업을 하는 사람의 경우나 업무성과에 따라서 보수의 액수가 결정되는 세일즈맨(salesman)의 경우는 대개 능동적이며 적극적인 자세로 일을 하는 경향이 강하다.

그러나 일정한 봉급을 받기로 되어 있는 일반 직장의 경우에는 봉급을 많이 받고 싶다는 욕구와 달리, 일을 적당히 하고 싶은 충동을 느끼는 사람들이 많다. 열심히 일을 해도 돈을 많이 주지않는 일반 회사의 경우, 최소한의 일만 하려고 할 것이다.

그러나, 어차피 일을 할 바에는 능동적이고 적극적인 자세로 임하는 것이 근로자 자신을 위해서도 바람직하다. 그 이유는 우리가 마지못해서 일을 할 때와 자진해서 일을 할 때의 심리상태가 크게 다르기 때문이다. 일반적으로 자진해서 일을 할 때는 그 일이 즐겁고, 마지못해 억지로 할 때는 그 일을 하는 과정이 더욱 고통스럽다.

직장의 근무시간에 하는 일은 돈을 받고 하는 일이고, 수동적 자세로 마지못해 일을 하므로 그 시간이 지루하고 괴롭게 느껴지게 된다. 만약 우리가 직장에서 하는 일에 능동적 자세로 임한다는 것이 생각처럼 쉽지가 않다. 그것은 직장에서 하는 일의 가치나 의미를 과소평가하기 때문일 것이다.

〈출처 : 국방홍보원〉

직장에서 맡은 일은 직종에 따라 차이가 있지만 나름대로 국가의 안보, 경제, 사회, 문화 등의 발전과 연계되어 있다는 점에서 매우 소중한 것이다. 직장인들이 하는 일 가운데 귀중하지 않은 것은 하나도 없다.

〈조지 워싱턴,
출처:네이버지식백과〉

미국의 역대 대통령 중, 조지 워싱턴(George Washington, 1732~1799, 미국의 초대 대통령)의 예를 들어보자. 그는 누구보다도 근면하고 부지런했다. 부자도 아니고 상류 계급도 아니고 거기에다 교육을 받을 수 있는 기회도 사라진 상태에서 워싱턴이 성공할 수 있는 길은 오직 부지런함뿐이었다. 워싱턴은 일생을 통틀어 마치 일 중독자처럼 살았다. 측량에 관련된 일을 거의 평생 했으며, 군인으로 대통령으로, 그는 늘 최고로 성실한 자세로 활동을 했다.

이토록 자기가 수행하고 있는 일이 가치있고 중요이란 생각을 늘 한다면, 우리가 직장에서 하는 일에 능동적이고 적극적인 태도로 임할 수 있다. 직장이 단순히 돈벌이를 위한 수단에 불과하다면, 우리는 직장에서 하는 일에 적극성을 보이기는 어려울 것이다.

그러나 그것이 하나밖에 없는 우리 조국을 위하는 길이요, 우리들 자신의 행복을 위해서 필요한 일임을 인식한다면, 우리는 그 일에 적극적인 태도로 임하고자 하는 의욕을 느끼게 될 것이다.

그리고 적극적 태도로 일에 임할 때, 우리는 일하는 시간을 즐거운 마음으로 보내게 될 것이다. 시간을 즐거운 마음으로 보낸다는 것은 매우 중요한 의미를 갖는다. 즐거운 마음으로 시간을 보냄은 그 자체가 행복의 한 조건이기 때문이다.

근면하기 위해서는 직장에서 하는 일에 대한 가치와 의미를 되새겨 보고 일에 임할 때 '적극적이고 능동적인 자세가'가 필요하다.

나. 필수요건 Ⅰ : 성실의 자세

(1) 성실의 의미

성실이란, 『정성스럽고 참됨』을 의미하며, 성격이나 행동이 바르고 어떤 일을 하면서 온힘을 다한다는 뜻이다. 『최고보다 최선을 꿈꾸어라』라는 말은 어릴 때부터 어른들에게 수없이 들어온 『성실』의 중요성을 강조하고 있다. 그것은 삶의 경험에서 나오는 자연스러운 진리라고 할 수 있다.

성실은 인간이 세상을 살아가는 데 기본이기도 하지만 가장 큰 무기이기도 하다. 아무리 뛰어나더라도 성실이 뒷받침되지 못하면 그 관계는 오래갈 수 없고 신뢰는 깨어질 수밖에 없다. 그 만큼 인간관계에서의 성실은 중요한 관계 요소 중에 하나이다.

〈에디슨,
출처:네이버지식백과〉

『천재는 1%의 영감과 99%의 노력으로 만들어진다.』라는 에디슨(Thomas Alva Edison, 1847~1931, 인류최초의 백열 전구를 발명한 미국의 발명가)의 명언이 있듯이 노력이 뒷받침된다면 1% 모자란 부분은 그리 중요하지 않다. 조직에서도 마찬가지다. 조직의 리더가 조직 구성원에게 원하는 첫 번째 윤리적 덕목이 바로 성실성이다.

성실은 일관하는 마음과 정석의 덕이다. 자식에 대한 어머니의 정성이 대표적인 한국인의 『정성스러움』 이다. 우리는 정성스러움을 『진실하여 전혀 흠이 없는 완전한 상태에 도달하고자 하는 사람이 선을 택하여 굳게 잡고 노력하는 태도』 라고 말할 수 있다.

〈출처 : 국방홍보원〉

그러한 태도가 보통 사람들의 삶 속으로 스며들면서 자신의 일에 최선을 다하고자 하는 마음자세로 연결되었다고 볼 수 있다. 『지성이면 감천이다』 혹은 『진인사 대천명(盡人事待天命)』 등의 말처럼 인간으로서 자신이 할 수 있는 모든 노력을 매우 크게 평가하고 있다.

〈출처 : 국방홍보원〉

(2) 성실한 자세의 필요성

어떠한 종류의 직업에 종사하는 경우든, 정직하고 성실한 태도로 일하는 사람들이 국가와 사회의 이바지하는 바가 크다. 직장에서 정직하고 성실한 태도가 좋은 결과를 가져올 확률이 높다. 그럼에도 불구하고 우리나라의 직업인들 가운데 정직하지 못하고, 불성실한 태도로 종사하는 사람들이 많은 이유는, 돈벌이의 목적을 위해서는 수단과 방법을 가리지 않아도 된다는 인식이 만연되어 있기 때문이다.

비록 돈벌이에서 손해를 본다 하더라도, 국가와 사회에 이바지하는 바가 크고 자아의 성장을 위해서도 바람직한 정직과 성실의 길을 택해야 한다고 인식하고 실천하는 것이 올바른 직업윤리이다. 그럼에도 불구하고 실제로는 그 길을 택하지 않는 사람들이 많다. 그것은 현대 생활에서 돈이 차지하는 비중이 너무 큰 까닭에 사람들은 돈의 위력으로부터 소외받는 것을 회피하고자 하기 때문이다.

현대 생활에서 돈이 필요한 것임에는 틀림이 없다. 이러한 사실을 외면하고 돈에 대한 애착을 함부로 비난하면 자칫 위선으로 빠질 염려가 있다. 그러므로 돈이 필요한 것임을 인정하면서 성실한 자세에 대한 접근이 필요하다.

정직하고 성실한 태도를 가지고는 기본 생활에 필요한 정도의 그리 많지 않은 돈을 버는 일조차도 매우 어렵다고 생각하는 사람이 있을지 모른다. 어떤 특수한 사정으로 인하여 정직하고 성실한 태도로는 살아가기 어려운 사람이 종종 있다는 사실을 부인하기는 어려울 것이다.

그러나 이러한 경우에도 법을 어기거나 그 밖의 어떤 모험을 통해 문제가 풀릴 가능성은 희박하다. 이처럼 특수한 경우에 과한 문제는 사회제도의 개선 또는 정책적 배려를 요구하는 문제이므로 우리가 지금 고찰하고 있는 직업을 대하는 올바른 태도의 문제와는 차원이 다르다고 보아야 할 것이다. 지금 우리가 다루고 있는 문제는 직업을 가지고 있는 사람에 관한 문제이다.

직업을 가지고 있는 사람이라면 정직하고 성실한 노력을 오랫동안 꾸준히 하는 태도로 임하는 경우가 많은데, 장기적으로 볼 때에는 이런 사람들은 대개가 결국은 성공하는 모습을 주변에 많이 볼 수 있다.

〈출처 : 국방홍보원〉

다. 필수요건 Ⅰ : 봉사의 자세

(1) 봉사의 의미

봉사의 사전적 의미는 『국가나 사회 또는 남을 위하여 자신을 돌보지 아니하고 힘을 바쳐 애씀』을 의미한다. 진정한 봉사는 능력이나 물질, 다른 어떤 무엇이든 대가를 바라지 않고 기꺼이 주는 것이라 할 수 있다.

예컨대, 변호사가 어려운 사람들에게 무료 변론을 해주거나, 의사가 무료 진료를 해주는 등 자신의 마음과 노력을 주는 것이다. 봉사의 속성은 '타인에 대한 배려와 사랑'으로부터 출발한다는 것을 의미하며, 타인을 위하는 마음에서 출발하는 봉사정신은 자신의 국가와 민족의 발전과 번영을 가능케 하는 원동력이기 때문이다.

현대 사회의 직업인에게 봉사란 자신보다는 고객의 가치를 최우선으로 하고 있는 서비스 개념이다. 고객은 회사의 발전을 도와주는 기반이기 때문이다. 고객에게 신뢰 받고 고객에게 사랑받는 회사는 발전하고 고객에게 외면당하는 회사는 쇠퇴한다. 따라서 기업이 고객에게 사랑받기 위한 방법은 최선의 가치, 즉 봉사(서비스)를 강조하는 것이다.

그러므로 회사는 항상 고객의 입장에서 고객이 필요로 하는 것이 무엇이며, 고객이 만족하는 품질수준은 무엇인가를 생각하고, 체계적인 노력을 기울여 좋은 설계, 철저한 생산관리, 만족스런 서비스를 제공하기 위하여 모든 역량을 발휘하도록 노력해야 한다.

고객의 소리를 경청하고 요구사항을 해결하기 위하여 힘스는 것은 기업 활동의 시작이자 끝이다. 고객의 소리를 경청하는 것은 고객이 원하는 것을 파악하여 좋은 상품을 만드는 바탕이 되며, 좋은 서비스를 제공하기 위한 시작이 된다.

또한 아무리 우수한 상품도 높은 수준의 서비스가 뒤따르지 않으면 고객은 만족할 수 없다. 생산기술이 발전하고 물질이 풍부해진 최근의 고객만족 성패는 상품과 함께 제공되는 서비스에 의해서 결정된다고 볼 수 있다.

〈출처 : 국방홍보원〉

(2) 봉사자세의 필요성

(가) 개인적 필요성

여가의 선용과 자아실현에 기여할 수 있다. 봉사활동은 본인 스스로의 자아성숙과, 타인에 대한 존중과 배려하는 마음과 길러, 『건전한 인격』의 형성 또는 자아실현에 기여할 수 있다.

(나) 교육적 필요성

교육을 받는 곳이 학교만이 아니고 지역사회로까지 교육의 장을 넓혀서 학교에서 배운 것들을 중심으로 한 내용을 배우지만 봉사활동을 통해서는 체험을 통한 교육의 기회를 제공받을 수 있다. 특히, 인간은 봉사를 통해 자신을 뒤돌아보고 올바른 자신의 삶을 찾아가는 교육적 기회를 제공받는다.

(다) 사회적 · 국가적 필요성

현대사회에서 자원봉사는 여러 가지 의미에서 과거에 비해 그 중요성이 증대되고 있다. 현대사회의 산업화, 도시화로 사회구성원이 고립되고 인간간계가 단절되어 있다.

또, 사회의 정상적 유지를 저해하는 여러 가지 사회문제가 증가하고 있다. 이러한 사회문제들에 대한 적절한 대응을 정부와 같은 전통적인 사회조직만이 담당하기에는 한계가 있을 수밖에 없으므로 비정부 조직을 포함한 모든 시민들의 자발적이고 적극적인 참여의 필요성이 증가되고 있다.

〈출처 : 국방홍보원〉

과거 자원봉사(自願奉仕)라는 의미는『인간애(人間愛)를 기본으로 한 무조건 주는 태도 및 무조건 베푸는 행동』으로서의 박애적인 사랑의 의미를 담고 있었다. 특히 그 형태는 자선 및 구호활동이 주류를 이루었으나, 현대의 자원봉사는『현대사회에서 발생한 여러 가지 각종 사회문제를 해결하기 위한 활동』을 포함한 포괄적 방식으로 변화하였다. 특히, 무보수로 여러가지 단체, 연대 등의 활동을 하는 사람들도 더욱 늘어가고 있다.

라. 필수요건 Ⅰ : 책임의식

(1) 책임의 의미

책임(責任)이란 일반적으로『맡아서 행해야 할 의무나 임무, 또는 그것에 대한 추궁이나 의무를 지게 되는 제재』를 의미한다. 한편 군인에게 있어 책임이란,『국가의 안전을 확보하고 국민의 생명과 재산을 보호하는 사명의 주체』임을 자각하여 자신에게 주어진 임무를 완수하는 것을 말한다.

책임이란『모든 결과는 나의 선택으로 말미암아 일어난 것』이라는 식의 태도를 말한다.

이러한 책임은 피해를 입고 있다는 생각을 지니는 것과 같이 어떤 일에 대해서 선택할 수 있는 태도 중의 하나다. 누구의 잘못이든지 상관없이 어떤 상황에 있어서 나는 주체이다. 일에 대해서 책임을 지기로 한 잘못을 들먹이거나 비난하면서 쓰게 될 에너지를 낭비하지 않는 것이다.

육군 1사단 육탄연대 백학대대 최전방 경계초소(GOP)의 여군생활관에서 동고동락하는 김영식 대위, 장가연 김은혜 조은미 하사(오른쪽부터).

〈출처 : 국방일보〉

(2) 책임의 범위

책임의 범위와 한계는 자신에 대한 책임, 리더십 차원에서 조직 내 관련된 팀원에 대한 책임, 그리고 임무에 대한 책임으로 정리할 수 있다.

(가) 자신에 대한 책임

자신에 대한 책임은 자신의 행동에 대한 평가와 그에 따른 결과를 당연한 것으로 받아들이는 자세이며, 현재 자신의 위치에서 바람직한 최선의 결과를 이루기 위해 항상 노력하고 맡은 일에 긍지와 자부심을 갖는 것이라 할 수 있다.

〈드라마 '태양의 후예', 출처 : KBS〉

(나) 팀원들에 대한 책임

관리하고 있는 팀원 또는 하급자에 대한 책임은 리더로서 자신이 한 것이든 하지 않은 것이든 모든 일에 책임을 지는 것이다. 팀원들의 행동에 대하여 책임을 지는 것은 결코 쉬운 일이 아니다, 그러나 결과에 대해 자신은 책임지지 않으며 팀원들에게만 책임을 추궁한다면 팀원들은 더 이상 당신을 조직의 리더로 생각하지 않을 것이다.

리더가 팀원들에 하여 책임지지 않고 오로지 권한만 행사하려 할 때, 팀원들은 상사를 신뢰하지 않은 상황이 발생하고 상사 또한 신뢰할 수 없는 팀원에게 권한과 책임을 위임하지 않으려는 경향이 강해지기 때문에 "이것은 나의 책임이지 누구의 탓도 아니다"라고 자신있게 말하는 것이 바람직한 태도이다.

(다) 임무에 대한 책임

임무에 대한 책임은 자신에 대한 책임과 부하에 대한 책임이 결국 임무의 한 책임으로 구결 되는 것으로 임무수행의 책임은 바로 소속된 직장 또는 사회의 국가에 대한 책임이라고도 할 수 있다.

〈특전사 훈련사진, 출처 : 국방홍보원〉

(3) 책임있는 자세의 필요성

어떤 일을 수행함에 있어서 책임의식을 갖는 태도는 그 사람의 인생을 지배하는 능력을 최대화하고, 또 긍정적인 역할을 한다. 그 이유는 책임을 지는 자세는 자신이 지니고 있는 능력을 최대로 발현시킬 수 있기 때문이다.

일반적으로 책임감이 없는 사람은 회사에서 불필요한 사람으로 인식을 받기 쉽고, 반대로 자기 일에 대한 사명감과 책임감이 투철한 사람은 여러 사람에게 도움을 많이 주므로 조직에서 꼭 필요한 사람으로 인식되는 경우가 많다.

따라서 자기의 직분과 역할에 최선을 다하고 자기가 맡은 책임을 완수할 줄 아는 사람이 되어야 한다. 즉, 어떤 직장과 조직에 소속된 사람은 그 안에서 꼭 필요한 존재가 되어야 하며, 어떠한 상황에서도 주도적으로 책임지는 자세를 갖추는 것이 대다수의 사람들이 생각하는 바람직한 자세이기 때문이다.

〈드라마 '태양의 후예', 출처 : KBS〉

2-3. 필수요건 Ⅱ : 정직 · 준법정신

가. 필수요건 Ⅱ : 정직

(1) 정직의 의미

정직(正直)이란 거짓이나 꾸밈이 없이 성품이 바르고 곧음을 의미하며, 정직하다는 것은 어떤 방식으로도 거짓말, 절도, 부정행위, 또는 기만을 하지 않을 것을 선택한다는 뜻이다.

사람은 혼자서도 살아갈 수 없으므로 공동의 이익을 위해서 구성원이 다양한 분야에서 협력을 해야 하고 이러한 협력은 하나의 사회시스템이 되어야 한다. 이 과정에서 정직은 인간이 공동체의 일원으로 살아가는 데 대단히 중요한 윤리이다. 왜냐하면 사람은 모든 정보를 다 파악할 수 없으므로 협력을 하는데 필요한 판단이나 행동을 다른 사람이 전달하는 것에 의존하는 경우가 많기 때문이다.

또한 다른 사람이 전하는 말이나 행동이 사실과 부합된다는 신뢰가 없다면 일일이 직접 확인해야만 하고 그렇게 되면 사람들의 일처리나 행동은 상당히 제약을 받을 수밖에 없으며, 조직이나 사회의 유지 자체가 불가능한 상황에 직면할 수 있다.

사회시스템은 구성원 서로가 신뢰하는 가운데 운영이 가능한 것이며, 그 신뢰를 형성하고 유지하는데 필요한 가장 기본적이고 필수적인 규범이 바로 정직인 것이다. 물론, 정직이 신뢰를 형성하는 충분한 조건은 아니다.

신뢰를 얻기 위해서는 정직 이외에도 약속을 잘 지키거나 필요능력을 갖춰야 하는 등의 다른 필요사항도 있어야 하겠지만 정직이 신뢰를 위해서는 빠질 수 없는 요소인 것만은 틀림없다.

(2) 정직의 필요성

〈빌 게이츠〉

정직은 인간에게 매우 비중높게 중요한 요소이며, 직장인에게 있어서는 매우 중요한 가치이다. 마이크로 소프트회사 창업자인 빌 게이츠(Bill Gates, 1955~현재, 마이크로소프트社 창립)는 전설적인 투자자인 워런 버핏으로부터 가장 많은 것을 배웠다고 말했다. 『버핏은 세상사를 매우 간단하고 새롭게 보는 방법을 알고 있다』며 『버핏으로부터 배운 가장 중요한 교훈은 정직(integrity)의 중요성』이라고 했다.

정직함이 몸에 배인 사람은 조급하거나 가식적이지 않다. 정직한 사람은 숨길 것도 두려울 것도 없다. 그들의 사람은 열린 책과도 같다. 정직함을 지닌 사람은 또한 자신의 삶을 올바른 방향으로 이끌 수 있는 생각과 시각을 지니고 있다. 돈으로 계산할 수 없는 큰 재산, 그것은 신뢰라는 자산이다. 정직한 사람만이 신뢰를 얻을 수 있으며, 신뢰는 돈보다 더 중요한 자산임을 기억해야 한다.

직장인의 정직한 정보파악 및 보고는 인체의 신경망과 같다. 직장이나 군대에서 업무를 수행하다 보면 수시로 상황을 파악하고 그에 맞는 의사결정 및 조치를 해야 할 경우가 많다. 이 과정에서 이루어지는 의사결정은 의사 결정권자가 직접 보고 들은 사실 만을 기초로 이루어지는 경우는 거의 드물다. 업무담당자 및 관계자가 보고하는 것을 기초로 하여 중요한 의사결정을 하게 되는데, 만약 그러한 보고가 허위이거나 사실과 다른 내용이라면 전혀 생각하지 못한 부분에 큰 영향을 미칠 수가 있다. 또한 어떠한 사실을 은폐하거나 왜곡한 보고는 그것을 감추기 위하여 또 다른 잘못을 반복해야 하는 문제로 발전될 개연성이 높다.

정직함을 전제로 한 정보의 정확한 파악과 보고 또는 전달은 회사업무가 정상적으로 진행되는데 필요한 신경망과 같다.

(가) 문제 및 위급사항에 대한 정직한 우선 보고

직장업무를 수행하다 보면 좋은 일도 있겠지만 나쁜 일도 있고 최선을 다했지만 잘못된 일도 발생한다. 이러한 사항들이 있는 그대로 전달되고 보고될 때 회사의 경영활동 또한 지속이 가능하다.

일반적으로 보고과정에서 특정 사실을 숨기거나, 왜곡해서 보고하는 이유는 대부분 사실대로 보고하면 자신이나 동료에게 피해가 돌아오게 될 것을 염려하기 때문이다. 그러나 이러한 행동은 발생한 사실 자체보다 은폐 또는 왜곡자체가 더 큰 문제가 되는 경우가 많다. 좋지 않은 일이나 잘못이 발생했을 때 최선의 방책은 있는 그대로 보고하는 것이다. 그러면, 문제해결을 위해 여러 사람이 합심해서 가장 좋은 해결책을 찾을 수 있고, 더 큰 문제가 되는 것을 막을 수 있기 때문이다.

〈출처 : 국방홍보원〉

좋은 일은 그 자체만으로도 좋은 경우가 많다. 그러나 좋지 않은 일이나 잘못된 일은 시기를 놓치면 필요한 조치를 취할 수가 없는 경우가 대부분이다. 그러므로 업무수행 시에는 좋지 않은 일이나 잘못된 일을 우선 알리고 보고 해야 하는 것이다.

(나) 은폐 및 왜곡없는 정직한 보고

왜곡 사건 발생의 사실을 정확히 파악하고 정보를 정확히 전달·보고·공개하였다면 더 큰 불행과 위험을 미연에 방지할 수 있었던 사례는 매우 많고 다양하다. 사실을 정확히 알아야 경영진이나 고객들은 올바른 결정을 내리고 이에 맞는 행동을 취할 수 있는데, 정직하지 못한 은폐와 사실왜곡은 무서운 결과를 가져오는 조직의 암적인 병폐이다.

나. 필수요건 Ⅱ : 준법정신

(1) 준법정신의 의미

준법이라 하는 것은 민주 시민으로서 기본적으로 지켜야 하는 의무이며 생활 자세이다. 법은 사회구성원 스스로 정한 약속이며, 법을 지키지 않을 경우 스스로의 약속을 깨는 것이 되고, 결국 누군가는 피해를 입게 되며 사회의 불안정과 무질서를 초래하게 된다. 따라서 준법의 필요성은 민주시민으로서 자신의 권리를 보장받고, 다른 사람의 권리를 보호해 주며 사회질서를 유지하는 데 있다.

상대적으로 위법이란, 다른 사람의 안전과 생명, 재산을 침해하거나 공공의 이익을 훼손하는 행위를 말한다. 예컨대 교통질서의 위반, 오폐수의 무단 방류, 다른 사람의 신체나 재산에 대한 피해, 공공 재산의 훼손 등을 들 수 있다.

(2) 준법정신의 필요성

진정한 민주사회는 시민들이 자신의 권리만을 주장하는 것이 아니라, 의무를 다하고 법을 잘 지킬 때 이룩될 수 있다. 이것이 바로 민주시민의 바람직한 자세이다. 민주시민으로서 준법의 생활화를 해야 하는 이유는 크게 4가지로 볼 수 있다.

〈출처 : 국방홍보원〉

첫째는, 『민주 시민의 당연한 의무』이기 때문이다. 즉, 사회구성원들 사이의 약속을 지킨다는 의미에서 법을 지켜야 한다.

둘째는, 『사회의 안정과 질서 유지』를 위해 필요하기 때문이다. 법을 지키지 않으면 사회적 혼란과 사람들의 불편함이 증대하게 된다.

셋째는, 『자신의 생명과 재산을 보호』기 위해 필요하다. 다른 사람의 안전과 행복을 보호하는 일은 결국 자신의 보호하는 길이기 때문이다.

넷째는, 『사회적 비용의 증가 방지』를 위해 필요하다. 법을 어기는 사람이 많으면 법 집행을 위해 많은 예산이 필요하게 되므로 결국 사회비용이 증가하게 되어 사회 전체적으로 보면 다른 정책 집행을 어렵게 한다.

현재, 우리사회는 민주주의와 시장경제로써, 구성원들에게 많은 자유와 권리를 부여하지만, 동시에 규율의 준수와 그에 따르는 책임을 요구한다.

규칙이 없는 경기는 참가자 모두에게 혼란과 고통을 주고, 다른 사람에게도 재미있는 볼거리를 제공하지 못한다. 따라서 개개인의 선진 의식변화와, 지속적인 제도적, 시스템적 기반의 확립이 필요하다.

〈출처 : 국방홍보원〉

2-4. 필수요건 Ⅲ : 올바른 성윤리의식

가. 성희롱의 개념

직장 내에서 발생하는 성 관련 문제는 『성희롱, 성폭력, 성추행』 등으로 구분되며, 주로 『성희롱』을 의미한다. 성희롱이란 1974년 미국의 코넬대학교(Cornell University)에서 『원하지 않은 성적 관심』에 대한 이슈가 논의되면서 유래된 용어이다.

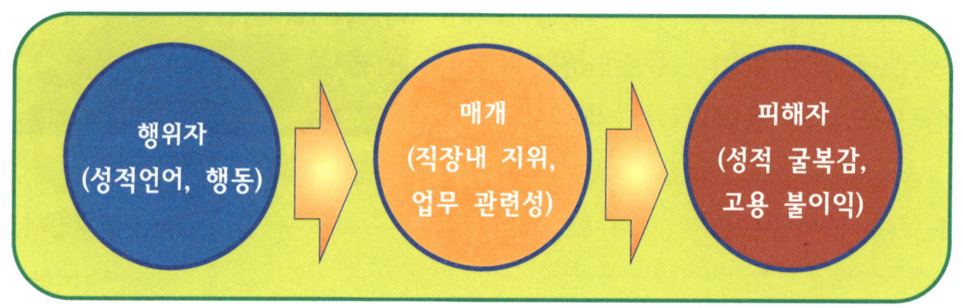

성희롱 개념과 같이 사업주 상급자 또는 근로자가 직장 내의 지위를 이용하거나 업무와 관련하여 다른 근로자에게 성적인 언어와 행동 등으로, 또는 이를 조건으로 고용상의 불이익을 주거나 성적 굴욕감을 유발하게 하여 고용환경을 악화시키는 것을 말한다.

나. 성희롱 및 성관련 법적 처벌

최근 사회적 자주 등장하는 성희롱 문제는 성 예절에 대한 기준이나 인식의 부족으로 기인되는 경우가 많다. 성문제가 발생했을 때 가해자들은 쉽게 잘못을 인정하지 않는다. 성희롱 문제는 가해자와 피해자 간의 입장차이가 매우 크다.

〈출처 : 국방홍보원〉

『예쁘고 일도 잘해서 귀여워 해줬다』, 『같이 일하는 사이라서 친밀감의 표시로 무심코 했는데, 법정에까지 간다면 무서워서 어떻게 일을 하는가』, 『직장에서 홍일점으로, 한 번 분위기 좀 살려줄 수도 있잖아』, 『업무의 연장인데, 그 정도는 할 수 있잖아』 등 의 답변으로, 대수롭지 않게 생각하는 답변과 경향이 많다. 법원까지 가서 재판받는 이의 답변은, 『희롱할 의사가 없었다』, 『좋은 의도에서였다』, 『다들 그 정도, 그렇게 한다』 등으로 항변하고 있다.

반면, 피해자는 심한 불쾌감과 모욕감, 자기 비하감을 느껴 직장생활과 업무에 많은 지장을 받았다고 한다. 이처럼 가해자와 피해자의 인식과 입장 차이에서 성희롱의 문제가 발생하는 원인이 된다.

직장에서 여성 인력의 증가 추세는 다양한 성폭력의 문제로 이어지고 있다. 이처럼 성이 다름으로써 발생되는 성문제는 군대, 교육현장 등 직종에 관계없이 사회문제화 되고 있다. 이는 성 에티켓(性 Etiquette)이 확립되지 못한 것이 주된 요인이라고 알 수 있다.

성희롱의 유형과 의미는 '남녀차별금지 및 구제에 관한 법률'과 '남녀고용평등법'에 각각 명문화 되어 있다. 성희롱의 유형에는 표현의 차이는 있지만 법률상의 개념은 '업무와 관련하여 성적 언어나 행동 등으로 굴욕감을 느끼게 하거나 성적 언동 등을 조건으로 고용상 불이익을 주는 행위'라고 정의하고 있다.

형사처벌 대상으로서의 범죄행위인 성추행이나 성폭행과는 구분되어 형사 처벌대상은 아니지만 성희롱은 그 행위에 대하여 회사에서 필요한 인사나 징계 조치를 하여야 하고, 그 피해자는 가해자에게만 민사상의 손해배상 청구를 할 수 있다.

〈출처 : 국방홍보원〉

어떤 행위가 성희롱이냐 하는 데 있어서 법률적인 기준의 특징은 가해자가 『의도적으로 성희롱을 했느냐』를 중시하는 것이 아니라, 피해자가 『성적 수치심이나 굴욕감을 느꼈느냐, 아니냐』를 중요한 기준으로 삼는다는 것이다.

즉, 친밀감의 표시로 전혀 성적인 의도가 없는 행동이었더라도, 상대방이 『성적 수치심이나 굴욕감』을 느낀 경우나 합리적인 기준으로 보았을 때, 피해자의 입장이 최우선적으로 고려되기 때문에, 무심코한 불쾌한 행동이 성희롱 관련 죄를 지은 범법자가 될 수 있다는 것이다.

〈출처 : 국방홍보원〉

성희롱 관련법의 기본취지는 피해자 보호에 초점이 맞춰져 있는데 그것은 직장에서 불리한 입장에 있으므로 피해를 입었을 때 스스로 구제방법을 모색하기가 쉽지 않다는 이유 때문이다.

성희롱 예방의 근본적 이유는 바람직한 남녀공존의 직장문화를 정착시키자는 것이다. 이를 위해서는 성별, 직위, 노사의 어느 입장에 있든지 모두가 과거와는 다른 사고와 행동이 정립되도록 공동의 노력이 필요하다.

〈출처 : 국방홍보원〉

다. 성윤리의식의 필요성

아직 직장에서는 남성 위주의 가부장적 문화와 성 역할에 대한 과거의 잘못된 인식이 아직도 남아 있어 남녀공존의 직장문화를 정착하는 데 많은 노력이 필요하다.

그래서, 직장내 여성을 대등한 동반자 관계로 동등한 역할과 임무를 수행한다는 인식을 가질 필요가 있다. 여성도 직장에서의 책임과 역할을 다해야 하며, 조직은 그에 상응하는 여건을 조성해야 한다. 성희롱 문제가 법정으로까지 연결되고, 사회적 문제가 되기 전에 예방과 효과적 대응이 인식적, 제도적으로 필요하다.

참 고 남성의 성희롱 대처법

- 사적인 여성(애인, 아내)과 공적인 여성 (동료, 부하, 상사) 관계를 구분해 언행을 조심하라.
- 여성의 외모를 칭찬하는 경우, 그 사람의 신체가 아닌 의복이나 그 밖에 다른 것에 한정시켜라.
- 여성의 외모에 대해 칭찬할 때는 밝고, 명료한 톤을 사용하라. 음흉하거나 끌리는 듯한 톤을 사용하지 말라.
- 부하 직원에게 성적인 압력을 가하거나 제안을 할 때는 해고될 각오를 하라. 항상 최악의 순간을 생각하라.
- 동료와의 데이트는 신중해야 한다. 동료 여직원에게 희롱이 아닌 이성으로서의 진실한 사귐을 원한다면 절대 추근거리지 말고, 처음부터 진지한 대화로 접근하라.
- 유부남일 경우, 절대 여직원에게 데이트를 요구하지 말라.
- 당신의 성적인 야한 농담을 누구나 재미있게 즐긴다고 자만하지 말라.
- 동료와 이야기할 때는 신체의 어느부분이 아니라, 눈을 보고 얘기하라.
- 동료들과 얘기할 때는 품격이 떨어지는 어휘, 상대를 비하시키는 어휘 (야, 계집애, 아줌마, 호박)이나, 애칭(자기! 누나!) 등을 사용하지 말라.
- 회식자리에서 술에 취해 실수를 하지 말라.

참 고 여성의 성희롱 대처법

- 성적인 농담이 불쾌하다면, 그 자리를 떠나거나 싫다고 분명히 말하라.
- 음담패설이 싫다면 절대 웃거나 동조하지 말라.
- 누군가로부터 성적인 제안이나 압력을 받았을 경우, 동료 여직원과 정보를 공유하라.
- 지나치게 노출이 심한 옷을 입지 말라.
- 회식자리에서 술에 취해 허술한 모습을 보이지 마라.
- 친밀감을 표현하기 위해 상사의 팔짱을 낀다는 지, 윗옷을 벗겨주거나 입혀 준다든지 하는 너무 사적인 행위를 하지 말라.
- 직장에서 애교를 무기로 삼지 말라.
- 무거운 것은 남자가 들고, 점심식사, 커피 값은 남자가 내야한다는 식의 여성 차별적 의식은 스스로 버려라.

참 고 성희롱의 유형

- 신체적 성희롱
  : 입맞춤이나 포옹 등의 신체접촉이나 특정신체 부위를 만지는 행위
- 언어적 성희롱
  : 음란한 농담을 하거나, 외모에 대한 성적인 비유나 평가를 하는 행위
- 시각적 성희롱
  : 음란한 사진, 출판물 등을 보이게 하거나 신체부위를 노출하거나 만지는 행위

2-5. 필수요건 Ⅳ : 직장예절·에티켓

가. 예절의 의미

『예절(禮節)』의 정의는 『일정한 생활문화권에서 오랜 생활습관을 통해 하나의 공통된 생활방법으로 정립되어 관습적으로 행해지는 사회 계약적인 생활규범』으로 사전에서 정의되어 있다. 또, 『예절』은 『에티켓』이라는 용어로 많이 활용되나, 엄밀히 말하자면, 예절은 에티켓(etiquette)과 매너(manner)가 합쳐진 개념이다.

<출처 : 국방홍보원>

참고로, 에티켓은 남을 대할 때의 마음가짐이나 태도를 뜻할 때 주로 사용한다. 에티켓의 범주는 옥외와 실내에서의 에티켓, 남녀 간의 예의, 복장, 등 3가지로 요약될 수 있다. 소개, 결혼, 흉사(凶事), 석차(席次: 자리 순서), 편지, 경례, 경칭, 식사예법, 인터넷 예절, 전화예절, 기침예절 등 일상생활의 전반적인 태도 전체를 망라하는 것이다.

참 고

- **사전에서 에티켓(etiquette)과 매너(manner)의 차이**
  - **에티켓(etiquette)**
    : 어원적으로 보다 고도한 규칙, 예법, 의례 등 신사, 숙녀가 지켜야 할 범절들
  - **매너(manner)**
    : 매너는 보통 생활 속에서 관습이나 몸가짐 등 일반적인 룰

  *** 예절이란,**
  일정한 생활문화권에서 오랜 생활습관을 통해 하나의 공통된 생활방법으로 정립되어 관습적으로 행해지는 사회 계약적 생활규범

참 고

- 영어표현에서 에티켓(etiquette)과 매너(manner)의 차이
  - etiquette : 『예의범절』이나 『법도』 등을 말하는 것
  - manner : 예의범절이 표출되는 구체적인 『행위』

  * 사용 "예"
  레스토랑에서 포크사용을 실수했다면 → 에티켓(etiquette) 부족
  레스토랑에서 트림을 했다면 → 매너(manner) 부족

나. 직장예절의 개념

대기업 인사담당자들이 공통적으로 신입사원 부족한 점을 파악해 본 결과, 『직장예절』을 말하였다. 이제 직장예절은 현대사회를 살아가는 모든 직장인들의 선택이 아닌 필수이며, 기본소양 항목이다.

〈떨리는 모의 면접시험, 출처 : 인터넷뉴스 뉴시스〉

참고로 현대의 사회 직장의 에티켓 기본의 3가지는, 첫째, 남에게 폐를 끼치지 않는 것이며, 둘째 남에게 호감을 주는 것이다. 셋째는 남을 존경하는 것이다.

아무리 일을 잘해도 예의없고, 주변에 피해를 주는 사람은 조직에서 성공하기가 쉽지 않기 때문이다. 그러나 사실, 이러한 사실을 알고 있으면서도 실천하기가 쉽지 않은 것도 사실이다. 이러한 직장예절의 의미와 종류 그리고 그 특성에 대해 알아보도록 하자.

(1) 업무예절

직장인은 어떤 종류의 직종이나 어떤 직급에 있던 관계없이 공통적으로 지켜야 할 예절이 있으며 그 내용은 다음과 같다.

참 고

• 업무예절

1) 시간에 대한 엄수

: 직장에서 시간은 반드시 준수
피치 못할 사정이 있다면 반드시 사전에 직접 연락하는 것이 기본
업무시작 30분 전부터 일을 할 수 있도록 준비

2) 자기 주변정리

: 책상의 정리정돈은 자신의 업무관리의 연장
비품은 반드시 정해진 위치에 두는 것이 바람직함
책상 위는 현재 수행하고 있는 업무관련 자료만 놓아둘 것
사용빈도가 높은 전화번호, 팩스 등은 눈에 띄는 곳에 부착

3) 상사의 부름이 있을 경우에는 '예' 하고 즉시 대답하며 즉각 일어서는 것이 바람직
특히, '못 하겠다', '무리다' 하는 식의 반응은 바람직하지 못함

4) 대화 시 자세를 바로 하고 상대방의 눈을 보면서 이야기할 것
첫인사와 마지막 인사는 큰 목소리로 또박또박 이야기할 것

5) 업무지시를 받는 경우, 6하원칙에 따라 메모 및 임무수행

6) 열심히 메모하는 습관

7) 업무수행의 기본은 보고, 연락, 그리고 상담

8) 잡무를 소홀히 행하지 말고 적극적으로 임할 것

9) 성희롱 방지의 기본지식 숙지 및 실천

(2) 인사예절

인사는 사람이 사람다움을 나타내는 가장 아름다운 행위로 타인과의 사귐에 있어 가장 기본이 되는 예절이다. 인사를 할 때는 정성과 감사하는 마음을 지니고, 예의 바르고 정중한 태도를 갖추어야 하며 진실을 담은 자세를 보여야 한다. 인사는 그 사람의 인상을 좌우한다.

〈출처 : 국방홍보원〉

인사 시, 행해지는 악수는 전 세계적으로 사용되는 가장 일반적인 인사법으로서, 과거에는 손에 무기가 없으므로 공격할 의사가 없음을 확인시키는 수단이었다. 현대에는 우호와 화합을 상징하고 있다.

악수를 하면서 가볍게 소개를 하는 것이 좋으며, 서로가 처음 만나는 사이이기 때문에 예의바른 행동을 보여야 하며, 특히 좋은 인상을 상대에게 전달하는 것이 중요하다, 조직생활에서 상대방을 서로에게 소개하는 것은 서로가 서로를 알게 되는 지름길이다.

주의사항은 업무와 관련하여 소개를 할 때에는 조직 내에서의 서열과 나이를 고려한다. 이 때 성별은 고려의 대상이 아니다. 소개는 보통 타당성 있는 순서의 의하며, 조직 내에서의 서열과 직위를 고려한 소개 시 호칭(압존법)과 존칭에 유의해야 한다.

참 고

- **압존법 : 세명 이상이 대화를 진행하는 도중, 자신보다 높은 직위 및 나이의 사람은 당연히 존칭어를 써야 하지만, 대화를 나는 사람 중, 가장 높은 사람에게만 존칭을 하는 어법**
  예) 할아버지, 아버지가 아직 안왔습니다. (○)
  김상사님, 김중사님이 아직 안오셨습니다. (×)
- **상대보다 먼저 인사하고 눈을 마주친다.**
- **목례는 15~25도 정도가 적당하다.**
- **상대의 눈을 보며 밝은 표정을 짓는다.**
- **악수 시, 상대의 손을 너무 힘을줘서 잡거나, 경직되어 있지 않는다.**
- **주머니에 손을 넣고, 인사를 하거나 악수하지 않는다.**

(3) 전화예절

전화는 직접 대면하는 것보다 신속하고 경제적으로 용건을 마칠 수 있는 장점이 있으나, 상대편의 표정과 동작, 태도를 알 수가 없으므로 많은 주의를 기울여야 한다.

먼저, 전화 통화를 할 때는 전화기의 송화기 부분에 대고 명확하게 말한다. 상대방에게 자신이 누구인지를 먼저 밝힌 다음 천천히 예의를 갖추고 말한다. 통화 중에 음식을 먹거나 마시지 않도록 한다. 보이지 않는다 하더라도 말할 때는 미소를 띠면서 말한다. 사람들은 목소리만 듣고도 그 사람의 얼굴 표정을 바로 떠올릴 수 있다.

참 고

- **전화벨이 3번 울리기 전에 받는다.**
- **받거나, 걸 때, 본인의 신분을 먼저 이야기한다.**
- **상냥하게 말을 하고, 감사하다는 표현을 전한다.**
- **메모를 할 수 있도록 준비한다.**
- **전화내용을 최종 백브리핑해서 오차가 없도록 한다.**

(4) 네티켓 예절

네티켓(Netiquette) 또는 인터넷 예절 혹은 인터넷 예의는 인터넷 공간에서 지켜야 할 예의범절이다. 영어 네티켓은 네트워크(Network)와 에티켓(Etiquette)의 합성어이다. IT시대의 직장인들에게 네티켓은 점차 중요성과 적용범위가 확장되고 있는 추세이며, 주의해야 한다.

참 고

- **네티켓 예절**
  1) 음란물이나 불건전한 정보를 올리거나 이용금지
  2) 함부로 욕설 · 비방 금지
  3) 바이러스를 퍼트리거나 해킹 같은 불법적인 행동 금지
  4) 다른 사람의 개인정보를 보호하고, 자신의 정보도 잘 보호할 것
  이름 · 주민번호(본인·타인), 패스워드 등의 개인정보 관리 철저
  5) 불법 소프트웨어를 사용 금지
  6) 건전한 인터넷 문화 및 사이버 공간에 필요한 예절함양

주제토의

1. 개인욕구와 직업윤리가 충돌할 수 있는 사례 및 극복방안에 대하여 조별 토의 및 발표

주제토의

2. 직업군인으로서의 중요한 필수요건인 근면, 성실, 봉사, 책임의 중요성을 사례를 들어서 조별 토의 및 발표하시오.

주제토의

3. 직업군인으로서의 중요한 필수요건인 정직, 준법정신, 성윤리 의식, 직장예절, 에티켓 각각의 중요성을 사례를 들어 조별 토의 및 발표하시오.

제 3 절 직업윤리의 개념 및 군대윤리의 관계

3-1. 직업윤리의 분류

가. 인간과 일 · 직업의 관계

원시시대부터 현재까지 인간은 살기 위해서, 생존에 관련한 일을 해왔다. 일은 곧 전문적인 직업(職業, job, vocational)으로 발전되었고, 직업은 인간의 삶을 보다 풍부하고 행복하게 만들어 주는 수단이 되었기 때문에, 그 자체가 기쁨이었다. 나무의 열매를 따고 짐승을 사냥하는 것 자체가 자신과 가족의 몸을 즐겁게 해주기 때문에 일종의 놀이였으며, 현실적인 즐거움이라고 볼 수 있었다. 그런데, 사회가 점점 더 복잡해지고 분업화가 됨에 따라, 자기가 원하는 일이 아니어도, 주변 사람들이 요구하는 방법대로 직업을 갖고 지시를 받게 되었다. 이것은 단순한 경제적 목적달성을 위한 수단으로 직업(職業, job, vocational)이 질과 방법이 변모하였음을 의미한다.

〈고대 이집트 이모작 농사, 출처 : 두산백과〉

〈고대 이집트의 협동 농사, 출처 : 두산백과〉

원래 일과 직업은 '경제적 욕구의 충족'뿐만 아니라, '그 이상의 자아실현'이라는 큰 의미를 가지고 있다. 단순히 보수의 높고 낮음만을 고려하지는 않고, 자신이 하고 싶은 분야와 적성과 맞는지를 고려하여 직장을 선택하는 것도 그 이유이다. 즉, 인간은 일과 직업을 통하여 자신을 규정하고 삶의 의미를 실현하는 것이다.

〈프랑스 장 프랑수아 밀레 作 '이삭줍기', 출처 : 프랑스국립박물관연합(RMN)〉

인간이 직업을 가지고 일을 한다는 사실은 실제로 의무적인 측면도 있지만 인간에게 부여된 중요한 권리이고, 인간 사회를 구성하는 매우 중요한 요소이다.

나. 직업의 가치

심리학적인 방향에 의한 현대사회 인간의 최고 직업은, 덕망과 존경을 받으면서 자아실현 또한 가능한 직업이 가치가 높다고 판단되는 직업일 것이다. 말하자면, 인간 개인이 경제적, 사회적, 창조적 부분에서 어떤 가치를 최우선으로 하느냐에 따라서, 직업이 달라질 수 있다는 것이다.

과거 우리나라는 좋은 직업을 가졌다는 사실을 『출세(出世)』라는 표현을 써서 말한다. 원래 출세는 『입신양명(立身揚名)』이 『입신출세(立身出世)』, 마지막에는 입신의 단어가 빠지면서 『출세(出世)』로 불리게 된 것이다.

원래의 『입신양명』은 『인격과 능력』을 쌓아 사회적으로 중요한 역할을 담당하며, 주위의 믿음과 존경을 받는 것을 말한다.

그러나, 현대사회의 입십양명이라는 용어는, 출세라는 용어로 변질되었다. 과정은 생략하고 주로 현재 외부로 드러난 유형적 형태만을 가지고 평가를 하는 것으로 왜곡되었다.

지금 우리나라 젊은이들은 일자리가 없다고 한다. 그러나 젊은이들의 기피한'4D' 일자리를 외국인 노동자들이 취업을 하여, 사회 문제로까지 대두되게 되었다.

4D는 힘들고(Difficult), 더럽고(Dirty), 위험한(Dangerous), 먼거리(Distant)를 의미한다.

그러나, 불과 40~50년 전만해도 우리나라 젊은이들이 독일과 중동지역 노동자로 파견을 가고, 군인들은 월남으로 파병을 떠난 적이 있었다. 국가경제와 외화벌이를 위해서, 가족의 생계를 위해서, 먼 타국으로 떠나 힘든 노동을 했다.

〈1960년대 서독으로 파견되는 한국인 간호사〉

시대는 변한다. 그렇지만, 열심히 일하는 모습은, 어떤 특정한 시대의 일이었다는 사실을 떠나, 가치를 따질 수 없고, 매우 소중한 것이다. 우리는 우리나라가 선진강국의 대열에 올라갈 수 있도록 노력한, 그들의 초석과 같은 숭고한 삶을 절대 잊지 말아야 할 것이다.

〈1976년대 서독 광산에서 일하는 한국인 광부〉

다. 사회직장의 근로윤리 개념

직업윤리(職業倫理)는 직업인들에게 요구되는 행동 규범을 말한다. 원만한 직장 생활을 하기 위해 요구되는 자세, 가치관 및 올바른 직업관을 직업윤리(職業倫理)라고 한다. 세부적으로는 성실하고 근면한 자세, 정직함, 봉사정신, 책임의식, 직장예절 등을 갖춰야 원만한 직장생활을 할 수 있다.

실무 노동용어 사전(2014)에서 정의하는 직업윤리는 아래와 같다.

『직업윤리(Professional Ethics)』는 직업생활에서의 윤리를 말하는 것으로 사회에서 직업인에게 요구하는 직업적 양심, 사회적 규범과 관련된 것이다. 일반적으로 윤리학이라 함은 행위의 옳고 그름이나 선과 악 또는 도덕적인 것과 비도덕적인 것에 대한 판단기준의 체계 또는 이를 대상으로 연구하는 학문 분야를 일컫는다. 그러므로 직업윤리는 사회생활을 하는 인간이 근본적으로 직면할 수밖에 없는 윤리문제를 직업생활이라는 특수한 사회적 상황에 적용한 것이다. 그래서 직업윤리학은 응용윤리학(Applied Ethics)의 한 부류라고 볼 수 있다. 응용윤리학은 기존의 윤리적 원리들에서 간과되었거나 혹은 새로운 적용의 필요성이 제기되는 문제들에 관하여 기존의 윤리적 규칙과 개념을 적용하여 새로운 가치 규범들을 탐구하는 것을 말한다. 요컨대 『직업윤리학』은 직업생활에서 나타나는 행동이나 태도의 옳고 그름이나 선과 악을 체계적으로 구분하는 판단기준 또는 이를 연구하는 것을 의미한다』라고 정의되어 있다.

이러한 직업윤리(職業倫理)는 NCS 직업기초능력으로서 직업윤리는 직업인들에게 요구되는 행동 규범이다. 원만한 직장 생활을 하기위해서 요구되는 자세, 가치관 및 올바른 직업관을 직업윤리라 할 수 있다.

직업윤리는 근로윤리(勤勞倫理)와 공동체윤리(共同體倫理)로 나눌 수 있다. 근로윤리는 성실성, 근면성, 정직성으로, 공동체윤리는 준법성, 봉사정신, 책임의식, 직장예절로 구분할 수 있다. 이러한 자세를 갖춰야 보다 원만한 직장생활을 할 수 있다.

(1) 근로윤리의 개념 및 특성

근로윤리(勤勞倫理, attitude toward work scale)는, 『맡은 업무를 근면하고 성실한 자세로 처리하고, 정직하게 업무에 임하는 자세』라고 정의되며, 성실성, 근면성, 정직성이 요구된다.

(2) 공동체윤리의 개념 및 특성

공동체윤리(共同體倫理, communitarian ethics)는 『인간존중을 바탕으로 봉사하며, 책임감을 가지고 업무를 충실히 수행하며, 직장의 규범을 지키고, 대인관계에서 예의를 지켜 행동할 수 있는 자세』라고 정의된다. 수반되는 요구사항은 준법성, 봉사정신, 책임의식, 직장예절을 의미한다.

참 고 故 정주영 현대 명예회장(1915~2001)

• 올바른 노사관계

〈도전과 개척정신의 성공신화 故 정주영 명예회장,
출처 : 네이버 블로그 hsdjang〉

3-2. 군대윤리의 개념 및 특성

가. 군대윤리의 정의 및 개념

군대윤리(軍隊倫理, military professional ethics)는 『군(軍) 임무수행과 관련하여 군(軍) 또는 군인(軍人)이 지켜야 할 가치, 태도, 행동의 규범 체계』로 정의된다.

〈새뮤얼 헌팅턴〉

군대의 직업윤리(military professional ethics)라는 개념은 미국의 정치학자인 새뮤얼 헌팅턴 (Samuel P. Huntington, 1927 ~ 2008)이 군인정신을 민군관계 차원에서 『직업군인의 윤리』라고 정의한 데서 출발하였으며, 『군대윤리(軍隊倫理, military professional ethics)』라는 일반적 용어로 바뀌어 본격적으로 등장하게 된 것은 월남전 이후이다.

월남전 수행과정에서 노출된 미국 군대의 도덕적 부패를 해소하고, 또 미국군대에 윤리(倫理, ethics)를 강조하면서 군대윤리(軍隊倫理, military professional ethics)라는 용어가 등장한 것이다.

군대윤리의 정의에 대해서는 학자와 연구기관 등에 따라 매우 다양하지만, 기본적인 윤리의 의미를 바탕으로, 우리나라 국방부는 군대윤리를 『군(軍) 임무수행과 관련하여 군(軍) 또는 군인(軍人)이 지켜야 할 가치, 태도, 행동의 규범 체계』로 정의하고 있다.

〈월남전, 출처 : 포토저널리스트 호스트파스〉

나. 군대윤리의 특성

군대윤리는 매우 특수한 윤리라고 볼 수 있다. 그 이유는 일반적인 상황에서 이루어지기 보다는 전쟁이라는 특수한 상황 하에서 임무를 수행하거나 평시에는 그에 대비하는 준비를 하는 과정상에서 반영되는 특수한 성격의 조직윤리이기 때문이다. 또한 수행의 과정과 결과에서 모두 윤리를 적용해야 하기 때문이다.

〈태평양전쟁 당시 미 해병대가 일본 이오지마에 상륙해서 성조기를 게양하는 모습 출처 : 1945 퓰리처상 수상작〉

그래서, 전쟁윤리는 군대가 수행하는 전쟁, 그 자체의 도덕성과 정당성의 여부와, 전쟁의 과정에서 제기되는 전쟁의 수단이나, 군인의 행위에 대한 도덕성이라는 두 가지 주제를 중심으로 전개된다. 전쟁은 보통의 사람들에게 악(惡)으로 인식되는 대상이다. 전쟁에서 야기되거나 발생되는 행위가 주로 살상과 파괴이고, 결국 개인이나 공동체에 비극적 결말을 초래하는 경우가 많기 때문이다. 군대윤리는 전쟁을 도덕적으로 정당화하기 위해 커다란 숙제를 안고 있다.

〈안소니 수오 作 '메모리얼 데이', 출처 : 1984 퓰리처상 수상작〉

단순하게 표면적인 모습만을 보고, 전쟁을 필요악(必要惡)으로만 여긴다면, 전쟁행위의 주체(군인, 군대, 국가), 전쟁행위, 즉, 군인과 군대의 전쟁(전투)행위는 비도덕적으로 구분하여야 하는 모순에 놓이게 된다. 또, 군대를 바라보는 시각 자체가 부정적이게 되고, 군대의 존재가치 또한 무의미하게 볼 수 밖에 없다.

그러나, 각 나라의 군대는 궁극적으로는 자국민을 적으로부터 보호하려는 것이기 때문에, 결론적으로 보면 좋은 일을 하고 있는 것으로 인식할 필요도 있다. 그러나, 전쟁수행 과정에서의 군인이 하는 전투행위, 무기·장비의 사용, 잔혹성, 포로와 민간인의 처리에 대한 문제들은 전쟁윤리의 문제에서 중심주제로 신중해야 한다.

〈사와다교이찌 作 '안전지대로의 도피(베트남)', 출처:1966년 퓰리처상 수상작〉

참 고

- **대한민국 국방부의 군대윤리(military professional ethics) 정의**

: 군(軍) 임무수행과 관련하여 군(軍) 또는 군인(軍人)이 지켜야 할 가치, 태도, 행동의 규범 체계"

*** 군대의 특징 : 합법적인 무력관리 집단으로서 고유 임무수행**

3-3. 직업윤리와 군대윤리의 상호관계

직업윤리(職業倫理, vocational ethics)와 군대윤리(軍隊倫理, military ethics)는 그림과 같이, 함수관계이다. 그러나, 공통적인 윤리규범인 직업윤리 범주 안에, 군대윤리가 포함은 되지만, 전문적이고 세분화가 되어 있지 않기 때문에 엄밀히 말하자면, 조금 다르다고 볼 수는 있다.

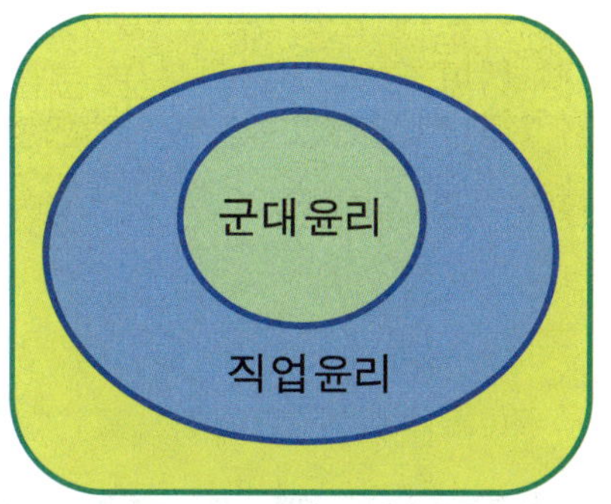

〈직업윤리와 군대윤리의 함수관계〉

군대윤리는 일종의 응용윤리(applied ethics)이다. 군대윤리는 보통의 경우에는 악행으로 여겨지는 전투행위, 즉 살상과 파괴, 그리고 기만활동 등이 합법적으로 이루어지는 군 임무수행 간의 도덕적 문제에 관여하게 된다, 따라서 군대윤리는 일단 직업윤리이지만 직무수행 과정에서 발생하는 도덕적 문제들은 생명윤리나 환경윤리, 심지어는 정보윤리에 이르기까지 모든 응용윤리의 분야가 망라된다. 특히, 응용윤리로서의 군대윤리는 군인의 전쟁윤리, 군인의 가치관과 덕목, 군인의 직업윤리, 군인의 리더윤리가 요구되며, 상호 유기적이다.

(1) 직업군인의 직업윤리

우리나라와 같이 국민 모두가 병역의 의무를 가지는 경우에, 구분을 하자면, 직업군인은 장교와 부사관이다. 직업윤리로서의 군대윤리는 군 임무수행의 특성과 군 본연의 가치가 반영되어야 한다. 특히 군대는 중요한 사회적 기능의 하나인 국가의 안보를 전문적으로 담당하는 전문직업이라는 점에서 군대윤리는 전문직업윤리가 요구된다.

(2) 군인에게 필요한 가치관

민간 사회인들에게 요구되는 가치와 덕목이 자애, 청렴, 배려, 봉사, 존중, 등과 같이, 사회인으로서 혹은 공동체의 구성원으로서 바람직한 가치 덕목들이라면, 군인에게 요구되는 가치와 덕목은 충성, 용기, 명예, 책임, 정의 등과 같이 전쟁이나 전투에서 승리를 가져다 줄 수 있는 가치 덕목이어야 한다. 그러므로 군대윤리에서 제시한 도덕적 가치가 내면화된 군인이라면 그의 도덕성을 통해서 오히려 더 강한 전투력이 배양될 수 있다.

(3) 군인에게 필요한 리더윤리

서구 선진국은 민주주의의 발달로 『군대는 국민의 의해 합법적으로 수립된 정부의 통제를 따르고, 군대의 주인은 국민이며, 군대는 국민에게 충성하고 복종한다』는 문민통제(civilian control)의 원칙을 발전시켰다. 또한, 군대 조직의 특수성에 따라 강한 리더십이 요구된다.

〈훈련을 마친 장병이 서로 격려하는 모습〉

(軍)의 자율성을 보장하고 있다. 군대는 전투 동체라는 기본 속성으로 인하여 조직이나 집단 단위로 임무를 수행하는 매우 특수한 조직이다. 리더십과 문민통제를 바탕으로, 고유의 전문성과 자율성 견지해야 한다.

개념정리

- **군대윤리 = 응용윤리(applied ethics)**
- **군대윤리에 요구되는 특징**
  : 직업군인 군대윤리, 가치관, 리더윤리
- **문민통제(civilian control)의 원칙**
  : 군대는 국민의 의해 합법적으로 수립된 정부의 통제를 따르고, 군대의 주인은 국민이며, 군대는 국민에게 충성하고 복종

주제토의

1. 사례 #1

옛날 중국 위나라에 오기라는 장군이 있었다. 그는 언제나 병사와 같은 옷을 입고 같은 음식을 먹었다. 잘 때도 잠자리를 따로 펴지 않았으며, 행군할 때도 혼자 수레에 앉아 있지 않았고, 자기 식량도 자기가 직접 가지고 다녔다. 오기 장군의 병사 중 한 사람이 종기에 몹시 괴로워하자 그 종기의 고름을 입으로 빨아 주었다. 이 얘기를 전해들은 병사의 어머니는 장군의 호의를 고마워하기는 커녕 오히려 목 놓아 우는 것이 아닌가? 지나던 사람이 하도 이상해서 이유를 물었다. 그러자 그 어머니는 슬피울며 이렇게 대답했다. "바로 지난해에도 그 장군께서 그 애 아버지의 종기를 입으로 빨아 주셨습니다. 그는 오기 장군의 은혜에 보답하기 위해 끝까지 적에게 등을 보이지 않고 앞장서서 싸우다 죽었습니다. 이제 그 아이의 운명은 결정된 거나 다름없습니다. 그래서 우는 것입니다."

위 사례를 읽고 직업군인으로서 갖춰야할 '리더의 자질' 과 '충성'에 대하여 조별 토의 후 발표 하시오.

〈위나라 오기장군(吳起, B.C.440~381), 출처 : 네이버 지식백과〉

주제토의

2. 사례 #2

1950년 8월, 미 8군사령관 워커 중장은 '낙동강 방어선'을 구축하여 북한군의 공격을 최종적으로 저지한 후 반격작전을 하기로 결심했다. 8월 21일 아비규환의 상황 속에서 국군 제11연대 1대대가 고지를 탈취당하고 후퇴하는 상황이 발생했다. 대대가 후퇴하자 우측의 미 25사단 27연대도 후방차단을 우려하여 철수를 하려고 했다. 그야말로 조국의 운명이 백척간두의 위험에 처해진 상황이었다. 사단장 백선엽 준장은 대대가 후퇴하는 현지로 달려가 격전에 지친 병사들 앞에 나섰다. "우리는 여기서 더 이상 후퇴할 장소가 없다. 더 후퇴하면 곧 망국(亡國)이다. 우리가 더 갈 곳은 바다밖에 없다. 대한의 남아로서 다시 싸우자. 내가 선두에 서서 돌격하겠다. 내가 후퇴하면 너희들이 나를 쏴라." 사단장은 돌격명령을 내리고 선두에 서서 돌격을 감행했고 병사들의 함성이 골짜기를 진동했다. 그리고 대대는 삽시간에 고지를 재탈환했다. 미 27연대장 마이켈리스 대령은 "사단장이 직접 공격에 나서는 것을 보니 한국군은 신병(神兵)이다" 라고 감탄했다.

위 사례를 읽고 직업군인으로서 갖춰야할 가치관에 대하여 조별 토의 후 발표 하시오.

〈백선엽 장군, 출저 : 네이버 지식백과〉

제 2 장 군대의 특성과 군대윤리

제 4 절 군대조직의 특성

4-1. 군대조직의 특성
4-2. 군인과 직업군인의 차이

제 5 절 군대의 위계질서 및 지휘관계

5-1. 군대의 계급구조 및 위계질서
5-2. 지휘관과 상관(상급자)의 관계
5-3. 명령 · 지시의 관계

제 6 절 군인에게 요구되는 군대윤리 및 필수요건

6-1. 직업군인에게 요구되는 군대윤리
6-2. 필수요건 Ⅰ : 육군 5대가치관
6-3. 필수요건 Ⅱ : 올바른 성윤리의식
6-4. 필수요건 Ⅲ : 민주시민의식

제 2 장 군대의 특성과 군대윤리

제 4 절 군대조직의 특성

4-1. 군대조직의 특성

가. 군대조직의 일반적 특성

먼저, 군대가 존재하는 근본 목적은 전쟁을 수행하기 위한 것이며, 존재의 이유는 현실적으로 전쟁의 위협이 상존(常存)한다는 데에 있다. 전쟁은 생존과 관련된 인간 사회의 가장 치명적이면서 중대한 문제이다. 그러므로 전쟁을 수행하기 위해 그리고 전쟁 때문에 존재하는 군대는 언제나 전쟁에서 승리하는 것을 최고의 목표이자 이념으로 삼게 된다.

군대는 그러한 목적과 이유, 목표와 이념에 부합하고, 그 본연의 임무를 원활히 수행할 수 있는 기능이 극대화되도록 조직을 구성하고, 군대의 구성원들이 갖는 공유가치도 궁극적으로는 '유사 시 전쟁에서의 승리' 라는 초점이 맞추어져 있다. 군인의 조직 즉, 군대는 일반사회의 여타 조직과 다르다. 어떠한 악조건 하에서도 임무가 부여되면 기꺼이 완수해야 하는 곳이 군대이다. 군대는 외부의 침략 등으로 국가가 위태로울 때, 국가를 보위하며 국민의 생명과 재산을 보호할 막중한 사명을 부여받았다.

〈월남전에 참전한 한국군이 전투 중 아이를 구하는 장면, 출처 : 지식백과〉

또한, 군대는 엄격한 의미에서 통제된 집단이다. 특히 직무수행의 결과가 개인의 생사는 물론 국가의 존망과 직결되므로 개인보다 집단과 국가가 우선하며, 이를 위해 고된 훈련도 미래의 승리를 위한 것으로서 감수하고, 동일한 일을 반복적으로 해야 한다.

따라서 전쟁에 나아가면 그 부대의 목표를 달성하기 위해 생사를 초월한 전투를 수행해야 한다. 합법적으로 무력을 사용할 수도 있고 적을 사살할 수도 있는 것이다. 죽음을 무릅쓰고 전투에서 승리해야 하며, 필요하다면 자신의 목숨을 바쳐서라도 적을 격퇴하고 국가의 존립을 보장해야 하는 것이다.

〈육탄10용사, 출처 : 네이버 지식백과〉

나. 군대조직의 목적에 따른 특성

첫 번째, 군대의 특성은 군 임무수행과 관련하여 『인명의 살상』 행위까지도 허용받은 군인은 다른 직업 집단에 비해 더욱 폭넓은 도덕과 규칙을 요구받고 있다는 점이다. 군의 존재목적과 기능이 외부의 위협으로부터 생존을 위한 자구책(self-help)임을 고려할 때 『유사시 전쟁행위』가 군의 가장 중요한 임무이자 역할이므로 이를 중심으로 군대윤리가 적용되고 관리되어야 한다는 것이다.

군의 전쟁행위(또는 무력관리)는 군 집단의 핵심 기능이고, 이에 관한 도덕성의 문제가 군대윤리의 핵심이 되는 것이다. 『전쟁윤리』의 핵심은 전쟁이 불가피하고, 피할 수 없는 현실이라면 그로 인한 피해를 최소한으로 줄이고, 전쟁의 규모 또한 최소화하는 것이 바람직한 것이다.

따라서, 군대윤리의 중심으로 유사시 전쟁행위에 입각하여 부대원을 관리하고, 부대를 운용하며, 무기체계를 구매·사용하고, 전쟁(전투·작전 등)에서 무력을 사용하는 일련의 공적 행위를 수행하는 데 요구되는 군인의 정신과 자세라고 할 수 있다.

두 번째, 다른 또 하나는 군인들의 행위의 선택과 관련하여 도덕적(이성적) 분별작용을 의미하는 군인의 『사적(私的) 도덕성』이다. 이것은 군인이라는 신분에 의해 발생되는 『군인의 사회 속에서의 도덕성』을 말한다.

인간은 의식주에서부터 일상생활에 이르기까지 각종 문제에 직면한 가운데 이를 해결하면서 살아간다. 군대사회도 마찬가지다. 그런데 군인은 특수한 환경과 임무를 수행하기 때문에 문제를 해결하는 데에는 일정한 기준이 있어야하며, 그 기준이 바로 규범이다. 군대윤리는 이러한 규범을 다룬다는 것이다. 또한 군대의 특수성으로 인하여 어떤 정해진 법규나 규정에만 의존할 수 없는 상황이 빈발하게 되는데, 바로 이점이 군인에게 도덕적(이성적) 분별능력과 올바른 상황판단이 요구되는 이유이다.

군대는 일반적으로 비도덕적인 행위라 일컫는 폭력과 살상을 허용받은 집단으로서, 이러한 폭력을 사용하기 위해서는 그 대상이나 집단의 기본인 도덕성이 전제되어야 하는데, 여기에는 공적인 영역뿐만 아니라 사적인 영역까지도 포함된다.

〈출처 : 네이버 지식백과〉

이는 전문복서나 격투기선수가 일반시민에게 폭력을 행사한 행위나 인간의 생명을 다루는 의사의 잘못된 처방에 대해서 강력하게 질책하고 처벌하는 것과 마찬가지이다.

다. 군대조직에 요구되는 6가지 특성

(1) 조직 목적의 절대성 (합법적 무력관리 집단)

우선 우리군은 본연의 임무인 국가안보 및 국민의 생명과 재산을 보호하기 위한 합법적인 무력관리집단이라는 특징을 갖는다. 역사는 군이 이러한 본연의 임무수행에 소홀히 할 때 자국민은 물론 세계인에게도 커다란 불행을 안겨줄 수 있음을 수없이 보여 주었다. 호전성과 세계정복 야욕으로 제2차 세계대전을 일으켰던 과거 독일이나 일본을 생각해보면 이는 보다 자명해 진다.

군대조직의 모든 활동은 국방이라는 뚜렷하고 확고부동한 목적에 집중되어 있으며, 목적 달성을 위해서는 상당한 정도의 강제력이 행사되고 또한 그것을 당연히 받아들이게 된다. 따라서 군대는 사회내의 그 어느 조직보다도 가치, 명예, 규범의 중요성이 강조됨으로써 단합적이고 내부적으로 높은 결속력을 갖게 되는 것이다. 또한 군대는 항상 전투에 대하고 있거나 또는 실제로 전투를 수행하고 있기 때문에 군대조직의 궁극적 목표는 전쟁에서의 승리에 있으며 이를 위해 조직의 모든 활동이 집중되어 있다.

(2) 권위주의적 위계조직

군대조직은 강력하고도 철저한 권위주의적 위계조직에 의한 명령체계 조직이다. 그러므로 계급과 직위에 따라 그에 상응하는 권한이 부여되고 이를 바탕으로 엄정한 지휘계동이 성립되어 그에 상응하는 권한이 부여되고 이를 바탕으로 엄정한 지휘계통이 성립되어 직무할당이 명확히 되어 있다. 이러한 위계질서는 규정에 의해 뒷받침되고 있을 뿐 아니라 훈련, 상관에 대한 존경 등의 방법으로 끊임없이 강조되고 있다. 이와 같이 군대조직에 있어서의 계급구조와 지휘체계는 가장 중요한 핵심적 위치를 차지하고 있는 것이다.

그러나 군대조직을 너무 엄격한 규범의 체계로만 이해하게 되면 지휘에 대한 복종은 쉽게 받아들이나 따뜻한 인간 관계유지는 어렵다는 선입관을 갖기 쉽다.

군이 그 기능을 정상적으로 수행하기 위해서는 하급제대는 상급제대의 명령을 절대적이고 우선적으로 이행해야한다. 그러므로 아무리 민주주의가 발달한 나라일지라도 군대만은 엄격한 상명하복의 위계조직으로 구성되며 자신의 이익에 반하더라도 명령에 복종할 것을 요구한다.

〈출처 : 국방홍보원〉

(3) 조직의 집단성

군대조직은 다수의 군인들로 이루어진 집단이기 때문에 조직의 화합과 단결을 다양한 지휘 방법과 리더십, 복종심, 군기를 세워야 한다. 군 본연의 임무수행 과정에서는 무엇과도 바꿀 수 없는 절체절명(絶體絶命)의 순간이 존재하는데, 이럴 때 그 진가(眞價)가 발휘되는 것이다.

〈출처 : 국방홍보원〉

이러한 순간에서도 군인이 자신의 목숨을 담보로 용전분투 결사항쟁(勇戰奮鬪 決死抗爭)해야 한다는 것은 너무도 당연하다. 그래서 다른 직업과는 확연히 구별되며, 이에 걸맞은 대우와 예우를 평소에 받고 있는 것이다. 특히, 유사 시 목숨까지 담보하는 강한 책임감이 요구된다.

(4) 조직의 강제적, 규범적 성격

군대조직은 전투력을 보존하고, 규율과 군기를 유지하여, 전투에서 싸워 이길 수 있도록 강제적이고, 규범적인 성격을 띠고 있는 집단이다. 사회적 책임성의 요구는 군이 합법적 무력관리 집단이라는 데서 파생 되는 것으로 양자는 동전의 양면관계에 있다. 즉, 무력의 합법적 관리집단이기 때문에 군에 더욱 강력한 사회적 책임이 요청되는 것이다.

(5) 조직의 지속성

군대조직은 국가와 국민과 함께 지속한다. 싸워이길 나와 국민이 없다면, 군대조직이 구성되어 활동할 필요자체가 없는 것이다. 따라서, 군대조직은 국가와 존망(存亡)을 같이한다.

(6) 조직의 전문성

군은 다른 집단이 대신하기 어려운 강한 전문기술력을 보유하기 있다. 민간인 기술자와 군 간부를 구분지어 주는 군 고유의 독특한 전문기술은 '무력관리'라는 말로써 적절히 요약될 수 있다. 즉, 군 간부에게 고유한 기술이란 무력의 행사가 주 업무인 인간집단, 무기장비체계를 지휘하고 관리하며 통제하는 것이다.

〈출처 : 국방홍보원〉

오늘날 군사적 기능이 고도의 전문지식과 기술을 요한다. 상당한 훈련과 경험이 없이는 아무리 천부적인 재능과 리더십을 부여받은 사람일지라도 군사적 기능을 효과적으로 수행할 수 없는 것이다.

4-2. 군인과 직업군인의 차이

가. 직업군인의 개념과 역사

직업군인의 사전적 정의는 『하나의 직업으로서 군대에 복무하는 사람으로 일반적으로 군인을 평생 직업으로 선택한 장교 및 부사관』을 칭한다. 또, 이러한 장교와 부사관을 우리는 『장기복무자』, 『전문직업군인』이라고 말할 수 있다.

나. 전문직업주의(military professionalism)

『전문직업주의』란, 『개인이 어떤 상황에서도 전문 직업의 지속전념을 통하여 생계유지의 방편을 포함한 자아실현을 달성하려는 직업활동』이라고 정의할 수 있다. 이 정의에 따르면 직업군인은 폭력의 관리라는 기술을 갖게 되고, 이 기술을 습득하기 위해 상당 기간동안 계급에 상응하는 체계적이고 전문적인 교육을 받게 된다.

〈출처 : 국방홍보원〉

체계적 교육을 받은 직업군인은 이를 바탕으로 봉사하고 책임지며, 단체성을 유지하면서 집단이익을 증진시키고, 국가로부터 보상을 받아 생계유지와 희생 및 봉사 그리고 명예를 바탕으로 자아실현하며, 이와 같은 활동은 『전문직업주의』에 의한 활동이라고 말할 수 있다. 군대윤리는 일반 직업윤리와는 달리 강한 힘을 구비한 전문집단으로 올바르고 건전한 사상과 국가에 대한 헌신과 희생정신, 개인과 군 조직에 대한 명예가 더욱 요구된다.

개념정리

- **우리나라 육군부사관의 군 전문직업주의 4대 요소**
  : 국민의 군대, 싸우면 이기는 군대, 위국헌신 군인본분, 인화단결
- **직업군인의 3대요소 : 전문성, 책임성, 단체성**

주제토의

1. 군대조직과 사회조직은 분명히 다르다. 이 두 조직의 차이점을 다양한 예를 들어 발표하시오.
(조별 토의 및 발표 과제)

주제토의

2. 대한민국의 남성이라면 모두 신성한 국방의 의무를 수행하여야 한다. 그러나, 대부분의 병사(용사)들은 군에 끌려왔다는 인식과, 본인의 인생에서 침체되어 버리는 시간으로 인식하는 경우가 많다. 직업군인으로서 이러한 병사들은 어떻게 지휘 통솔해야 할 것인지 조별 토의 및 발표하시오.

〈출저 : 국방홍보원〉

제 5 절 군대의 위계질서 및 지휘관계

5-1. 군대의 계급구조 및 위계질서

가. 군대의 계층 구성

군대는 특수한 조직사회이다. 우리나라의 경우, 병역은 국민의 4대의무에 포함되어 있으며, 대한민국의 신체건강한 성인 남성은 모두 군복무를 하게 된다. 이때 기본복무는 병사로서 육군 21개월, 해병대 21개월, 해군 23개월, 공군 24개월을 군에 복무하는 것이 원칙이다.

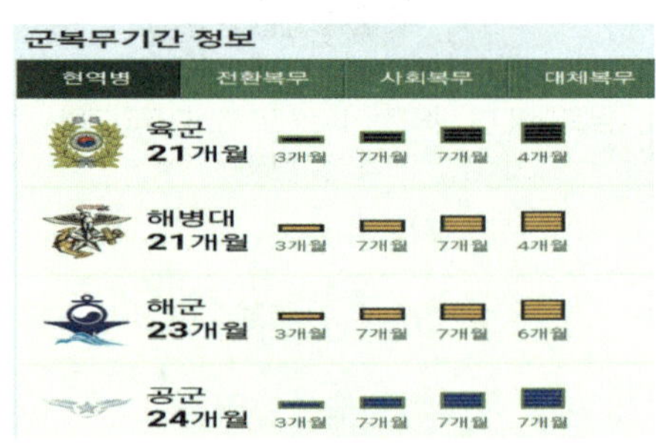

〈출처 : 병무청〉

그리고, 이와 별도로 지원자 중에서 선발하는 개념의 『간부(幹部)』라는 신분제도가 있으며, 이 간부가 되려면, 학력·신체·체력·지적능력 등의 분야에서 선발 기준과 조건을 모두 충족해야만 선발될 수 있다. 『간부』는 다시 『장교』와, 『부사관』으로 나누어진다. 『직업군인』이라고 표현하는 계층은 바로 『장교』와 『부사관』을 말하며, 『직업군인』을 조금 더 세분화하면, 장기복무에 선발되어 군복무를 하는 『장기복무 장교』와 『장기복무 부사관』을 말한다.

〈출처 : 국방홍보원〉

이와 같은 계급 신분별 선발제도 특성으로 인하여, 병사들은 대한민국 국민(남성)의 기본의무인 병역의 의무를 수행하기 위해서, 입대를 하는 인원이 거의 대부분이며, 그렇기 때문에 간부들에 비해서, 수동적으로 근무하는 군복무 성격을 내포하고 있다.

참 고

- **대한민국 국민의 기본의무**

  : 국방의 의무, 근로의 의무, 교육의 의무, 납세의 의무, 환경보전의 의무

나. 군대의 계급 및 호칭

군대 내에서의 직위와 직책은 통상 계급에 의해서 결정되며, 군대계급은 군대 조직 내부에서 4가지 기능을 수행한다.

첫째, 직책을 결정하는 지표로 사용되며, 둘째, 사람에 대하여 그의 직무상의 지위에 부여되어 있는 권한을 지닌다. 셋째, 계급의 위계질서는 지휘자가 부재중이거나 유고시에 누가 그의 지휘권을 승계할 것인지 그 순서를 지시해 주는 기능을 갖는다. 넷째, 상급자는 하급자들의 군기와 하급자들 간의 질서를 유지할 책임이 있다.

군대 조직에서 계급과 직책이 일치하는 것이 일반적 현상이다. 그래서 지휘계통상 상위에 있는 사람은 동시에 계급 상으로도 상위에 있는 것이 보통이다. 계급이 지니는 이런 기능 이외에 계급에는 각종 특전이 따르는데, 수반되는 주의사항도 있다.

〈출처 : 국방홍보원〉

계급에 수반되는 주의사항은, 첫째, 상급자나 하급자나 인격에 있어서 평등하게 존중되어야 한다. 비록 계급의 특권이 오랜 역사와 전통을 지닌다 해도 그것이 인격과 관계되는 것이 아니라는 점이다. 둘째는, 계급이 높다는 것이 특권으로 작용하지 않는다는 점이다. 셋째, 계급의 특권은 헌신적인 복무와 입직, 그리고 계급이 낮은 사람보다 더 많은 책임을 짊어지고 있는 것에 대한 보상이라는 것이다.

구 분	대한제국의 국군	현재의 국군
장 군	참장 · 부장 · 정장	준장 · 소장 · 중장 · 대장
영 관	참령 · 부령 · 정령	소령 · 중령 · 대령
위 관	참위 · 부위 · 정위	준위 · 소위 · 중위 · 대위
부사관	참교 · 부교· 정교 · 특무정교	하사 · 중사 · 상사 · 원사
병 졸	이등병 · 일등병 · 상등병	이등병 · 일병 · 상병 · 병장

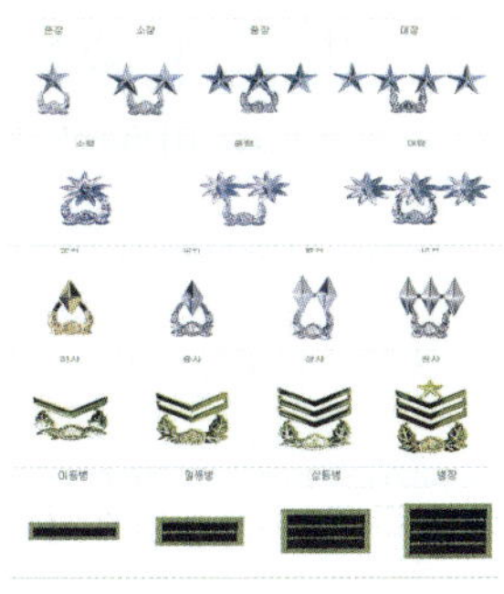
〈출처 : 육군본부 홈페이지〉

5-2. 지휘관과 상관(상급자)의 관계

가. 군대의 장교와 부사관의 역할

군대는 전형적으로 피라미드식의 위계구조로 조직되어 있는 것이 특징이다. 피라미드의 말단에는 육군의 경우 분대가 있으며, 그 위로 소대 · 중대 · 대대 · 연대 · 사단 · 군단 · 군 등이 존재한다. 그리고 이들 부대들은 일정한 계급을 갖춘 사람이 지휘한다. 지휘자(관)은 통상 소대는 소위, 중대는 대위, 대대는 중령, 연대는 대령, 사단은 소장, 군단은 중장, 각 군(야전군, 작전사, 총장)은 대장 계급의 장교가 지휘한다.

특히 부사관이라는 신분은 비교적 전투에 노련하고 경험지식이 초급장교보다는 월등하다는 점에서 매우 중요한 역할을 하며, 소부대 전투 지휘자 역할, 부사관·병 교육훈련 교관, 전투장비 운용전문가, 전투준비태세 유지를 위한 부대관리자, 전투위주의 부대전통 계승·발전자, 전투부사관의 역할을 수행한다.

참 고

- **장교의 책무**
  장교는 군대의 기간(基幹)이다. 그러므로 장교는 그 책임의 중대함을 자각하여 직무수행에 필요한 전문지식과 기술을 습득하고, 건전한 인격의 도야와 심신의 수련에 힘쓸 것이며 처사를 공명정대히 하고 법규를 준수하며 솔선수범함으로써 부하로부터 존경과 신뢰를 받아 역경에 처하여서도 올바른 판단과 조치를 할 수 있는 통찰력과 권위를 갖추어야 한다.
- **부사관의 책무**
  부사관은 부대의 전통을 유지하고 명예를 지키는 간부이다. 그러므로 맡은바 직무에 정통하고, 모든일에 솔선 수범하며, 병의 법규 준수와 명령이행을 감독하고 교육훈련과 내무생활을 지도하여야 한다.
  또한, 병의 신상을 파악하여 선도하고, 안전사고를 예방하며, 각종 장비와 보급품 관리에 힘써야 한다.

나. 지휘관, 상관, 상급자의 개념

『지휘관』이란, 부대의 지휘권을 가진 직업군인을 말한다. 통상, 소대급 이하의 부대를 지휘하는 중위이하 계급의 군인은『지휘자』라고 호칭하며, 중대급 이상의 단위 부대를 지휘하는 대위에서 장군 계급까지의 군인부터는『지휘관』이라는 호칭을 사용한다. 지휘관은 부대의 지휘권을 가지며, 독보적인 지휘 권한을 2단계 이상의 상급지휘관에게 위임받으며, 지휘권 부여에 대한 근거는 서류로 된『육군본부 인사명령』을 통해서 공증이 된다.

지휘관이 가진 지휘권은 지휘관이 헌법과 법률에 근거하여 부하에게 행사하는 합법적 권한을 말한다.

군인복무기본법(군인의 지위 및 복무에 관한 기본법, 법률 제14609호, 공포일 2017.03.21., 시행일2017.06.22.) 제 2조에 의하면, 2항『지휘관이란 중대급 이상의 단위부대의 장, 함선부대의 장 또는 함정, 항공기를 지휘하는 자를 말한다』로 정의되어 있으며, 3항『상관이란 명령복종관계에 있는 사람 사이에서 명령권을 가진 사람으로서 국군통수권자부터 당사자의 바로 위 상급자까지를 말한다』로 정의되어 있다. 4항『명령이란 상관이 직무상 내리는 지시를 말한다.』로 정의되어 있다.

즉,『지휘권』은『지휘관이 계급과 직책에 의해서 예하부대에 대하여 합법적으로 행사하는 권한의 총칭』으로, 지휘관의 정당한 명령에 불복종하는 군인은, 군법에 따라 엄하게 처리하고 있다.『상관』이란 명령복종관계에 있는 사람 사이에서 명령권을 가진 사람으로서 국군통수권자부터 당사자의 바로 위 상급자까지를 말한다.

〈출처 : 육군본부원〉

『지휘관』과 『상관』은 거의 동일한 의미를 가진 표현이라고 말할 수 있다.

그렇다면, 군대에서 『상급자』는 어떤 개념인가? 『상급자』는 계급관계 있어서, 단지 상위계급에 있는 사람을 말하며, 정식용어는 아니지만 소속이 같거나, 친한 상급자는 일부 군인들은 『선임』이라는 표현을 사용하기도 한다.

그렇다면, 『상관』과 『상급자』는 어떤 관계일까? 『상관』은 지휘관계에서 『명령권』을 가진 윗 계급의 군인을 말한다. 명령과 지휘는 『상관』만 할 수 있다.

반면에, 『상급자』는 본인(나)과 계급 관계에서 위에 있는 높은 계급의 군인을 말한다. 여기서 한가지 중요한 사실은, 아무리 계급이 높은 군인이라고 하더라도, 본인 자신보다 아래의 계급이라고 하여, 함부로 명령이나 지휘, 지휘권 행사를 할 수 없다는 사실이다.

〈출처 : 국방홍보원〉

위에서 배운 것을 예를 들어 보어보자.

내가 1중대 2소대장으로 근무하고 있다면, 나는 2소대의 지휘자가 되는 것이다. 우리 중대장은 1중대장으로, 1중대장은 지휘관으로 나에게 명령과 지휘권을 행사할 수 있는 상관이다. 인접해 있는 2중대의 중대장은 나의 상급자이만, 상관은 아니다.

개념정리

- **소대급 이하 단위 부대 : 지휘자**
- **중대급 이상 단위 부대 : 지휘관**
  *** 나보다 윗 계급의 군인을 호칭할 때 : 상급자**
  *** 개념정리 : 지휘관(자) = 상관 ≠ 상급자**

5-3. 명령 · 지시의 관계

가. 권위와 권한의 개념

군대조직의 구조적 특징과 계급질서로 인하여, 『권위』와 『권한』의 특징이 발생한다.

첫번재로, 『권위』란 『사람들 간의 특정한 관계를 지칭하는 개념』이다. 그래서 통상 『권력의 승인(acceptance of power)』을 권위의 핵심적 요소로 간주한다. 여기서 권력이란 『어떤 개인 또는 집단이 자신의 목적을 달성하기 위해 다른 사람 또는 집단의 행위 선택에 제한을 가할 수 있는 잠재력』라고 정의될 수 있다.

즉, 복종을 강요할 필요가 없어도, 어떤 개인이나 집단을 자동적으로 움직일 수 있음을 의미한다. 군에서의 권위는 각 계급 준수해야 할 이 가진 도덕적, 윤리적 행동을 말하며, 직무수행에 정진을 해야함을 의미한다. 예를 들어, 『소위답다』, 『패기가 넘기는 것이 당찬 초급간부 같다』라는 표현들이 대표적인 예이다.

두 번째로, 『권한』이란, 『한 사람이 차지하고 있는 지위로부터 유래되어 나오는 권력』이다.

소대장에게는 소대장으로서의 권한이 있고, 중대장에게는 중대장으로서의 권한이 있다. 만약 소대장이 중대장이 가진 권한을 행사하거나, 부하들에게 약속하면 그것은 권한 밖의 직권을 행사했다고 표현하는 것이다.

〈출처 : 국방홍보원〉

그런데 권한이나 직권에는 한계가 있다. 법규에 위반되는 명령은 군대의 상관이라도 내릴 수 없는 것이다.

그래서, 군에서는 지휘관(자)에게도 정당한 명령에 대한 교육을 강조한다. 항상, 권한을 책임과 결부시켜 신중함을 강조하며, 『권한과 책임』은 초급과정부터 고급과정까지의 군간부 교육기관에서 교육을 상소하고 있나.

나. 명령과 복종의 관계

명령은 분명한 군대 내의 통솔수단이며, 명령을 내리자는 실행 결과에 대해 책임을 져야한다. 부하는 상관의 명령에 복종하여야 하며, 명령 받은 사항을 신속, 정확하게 실행해야 한다.

군에서 정당한 지휘권의 행사에 관련하여 불복종 시에는, 군법에 의하여, 엄하게 처벌을 한다.

군내에서는 훈련과 지시의 경우를 제외하고, 집단행동이 금지된다. 집단행동이나 항명을 한다면 피라미드의 아래부터 흔들리는 모습이 되므로 조직의 파괴와, 전쟁에서 승리할 수 없기 때문이다. 결국 군의 목적은 강인한 군이 되어 국토방위의 의무를 다하는 것이다.

군의 집단적인 성질을 잘 유지한다면, 복종심, 군기, 협동, 단결, 인화, 사기 등의 과정을 전쟁에서 승리할 수 있다. 명령에 복종하면서 전투훈련에 임하는 일련의 모습들 또한 모두 전쟁을 준비하는 과정이다.

〈출처 : 영화 '명량' 포스터〉

다. 명령과 지시의 관계

그렇다면, 명령과 지시의 관계는 어떤 관계일까? 『명령은 지휘관, 상관만이 내릴 수 있는 통솔수단』이다. 『지시는 일반적으로 지휘관계에 있지 않아도 상급자로서, 군 경험의 선임자로서 할 수 있는 지침이나 가르침』을 말한다.

〈출처 : 국방홍보원〉

작전과 훈련에 관한 대부분의 통솔 및 통제는『명령』으로 칭한다. 이 명령은 지휘관만이 내릴 수 있다. 일반적인 훈련 외의 부대생활과 관련된 통솔 및 통제는 지시라고 표현하며, 이 지시는 지휘관(상관)은 모두 가능하고, 경우에 따라서 상급자도 가능하다.

예를 들어, 지휘관이 부대 순찰간에 주둔지 환경정리를 조금 더 깨끗히 하라고 하였는데, 이것을 명령이라고 표현하지 않는다. 지휘관이 주둔지에 대한 환경정리 지시를 내리고, 중대 행정보급관이 중대 병력들을 집합시켜, 청소를 지시하였는데, 이런 활동들은 지휘관이 아니어도 소속부대 상급자로서 충분히 통제 할 수 있는 일이다.

개념정리

- **명령 : 지휘관(자) = 상관만 내릴 수 있음**
- **지시 : 지휘관(자), 상관, 경우에 따라 상급자도 가능**
- **통상 작전과 훈련에 관한 것은『명령』이라고 칭하고, 그 외의 부대 활동상의 통솔사항들은『지시』하고 칭함**

참 고

- 복종의무위반

: 항명, 상관폭행 등, 상급자에 대한 불손한 행위, 지시불이행

- 군 형법 제44조(항명)

: 상관에 정당한 명령에 반하거나 복종하지 아니한 사람은 군 형법에 따라 처벌

- 불가능한 명령

: 논리적으로 불가능한 명령,
논리적으로는 가능하나 현실적으로는 절대로 불가능한 명령, 그리고
상대적으로 불가능한 명령

참 고 리더의 조건(헤이즈, 미 경영협회장)

1. 부하위주로 생각하라.
2. 요망사항과 수준을 분명히 말하라.
3. 잘 들어줘라. 경청하는 습관을 가져라.
4. 문턱을 낮춰라.
5. 참고 기다릴 수 있어야 한다.
6. 약속을 지켜라.
7. 지시만 하지 말고, 해결하는 방법과 과정을 눈여겨 보라.
8. 진실을 말하라.
9. 아이디어나 실적에 대한 평가는 즉시 시행하여 자부심을 갖게 하라.

주제토의

1. 사례 #1

부소대장으로 부임 후 상급자 앞에 서면 긴장이 되고 지시사항이 귀에 들리지 않아 지적을 많이 받았다. 이런 일이 반복되다 보니 임무수행도 잘 안되고 소대원에게도 부끄러웠다. '상급자 앞에서 예의를 지킨 가운데 지시사항을 명확히 확인할 수 있는 방법이 뭐 없을까?'를 고민하던 차에 선배가 메모하는 것과 복명복창하는 행동을 습관화 하는 것이 중요하다고 조언해주어 굳은 마음을 먹고 바로 실천해 보기로 했다. 상급자의 지시사항을 간부수첩 또는 휴대용 수첩에 빠짐없이 기록하고, 임무수행 간 확인하면서 업무를 추진하니 시행착오도 줄이게 되었다. 또한 상급자가 구두로 지시할 경우에는 복명복창을 함으로써 부여된 임무를 명확히 확인할 수 있었고, 상급자로부터 예절도 바르고 임무도 열심히 잘 한다는 칭찬을 듣게 되었다. 이후부터 소대원도 부소대장의 말이라면 적극적으로 따라주는 계기가 되었고, 중대에서도 우수한 간부로 인정받게 되었다.

위 사례를 읽고 느낀 소감과 바람직한 업무자세에 대하여 조별 토의 및 발표 하시오.

주제토의

2. 사례 #2

1967년 여름 베트남전 작전시 중대는 야산에 적이 은거해 있을 것으로 예상하고 수색하기로 하였다. 뜨거운 날씨에 숨을 곳이 전혀 없어 보였다. 3소대가 먼저 앞으로 나갔다. 마치 시골길을 걷는 사람들처럼 걸어갔다. 나는 "개활지는 위험하니 논둑과 물고랑을 이용, 분대별 각재약진을 하면서 논과 산이 맞닿은 산비탈에 신속하게 달라붙어라!" 고 명령했다. 3소대 쪽에서 자동화기 소리가 나면서 어슬렁어슬렁 걸어가던 3소대장과 무전병 등 3~4명이 쓰러졌다. 우리는 분대전투나 각개전투 시간에 배운 그대로 논둑과 도랑을 이용하여 각개 약진으로 뛰어갔기 때문에 적이 정조준해서 사격할 수 없었다. 자기 정면으로 뛰어오는 우리를 보자 적들은 당황한 나머지 연발 사격을 실시했고, 50미터의 근거리였지만 사격이 부정확하여 명중시킬 수 없었다. 전투는 평시 훈련한 사소한 전술 원칙을 준수하고 그대로 행동에 옮기는 것이며, 다만 실제 적과 부딪치는 것만이 훈련과 다를 뿐이다.

위 사례를 읽고 느낀 소감과 전투지휘자로서의 지휘 및 전술 원칙준수에 대하여 조별 토의 및 발표 하시오.

〈 베트남 1967, 출처 : 네이버 지식백과〉

제 6 절 군인에게 요구되는 군대윤리 및 필수요건

6-1. 직업군인에게 요구되는 군대윤리

가. 직업군인의 의미

최초의 직업군인(職業軍人, career soldier)은 14세기경에 이탈리아에서 출현한 용병대(傭兵隊)로 보는 설이 있으나 18세기 이후로 보는 것이 정설이다. 직업군인은 일반적으로 전문군사교육기관 등에서 일정한 교육을 받고 일정한 연령에 달해서 퇴역할 때 까지 군대에 복무하는 군인을 말한다. 법률에 의해서 일정한 기간만 복무하는 의무병과 구분되며, 이러한 직업군인은 인간, 공직자, 전문가, 비전의 상징, 그리고 다른 직업과는 구별되는 독특한 임무수행자 등의 다양한 의미를 함축하고 있다.

공직자로서 군인은 국가의 안전을 보장하고 국민의 생명과 재산을 보호하는 『안보』라는 공공재(公共材)의 생산주체임을 명심하고, 항상 공복(公僕)의 자세로서 청렴결백의 원칙과 국민적 기준에서 사고(思考)하고 행동해야 한다는 의미를 내포하고 있다.

『무력관리와 행사의 전문가』로서 국민에게는 존경과 신뢰를 받는 표상인 동시에 적에게는 전율과 공포의 대상이 되어야 한다. 즉 탁월한 군사전문가로서 군사전문지식과 기술을 보유해야 한다는 것이다.

더구나 군에 요구되는 전문성은 다른 직업과 쉽게 대체하기 어려운 특징을 가지고 있으며 현대전의 기술전·정보전 양상의 전개로 인해 그 중요성이 더욱 강조되고 있다.

특히 오늘날 우리 군인은 상상력이 풍부하고 지속적인 자기성찰과 장래 비전을 지닌 존재로서 희망과 비전의 상징이어야 한다. 비전의 상징으로서의 군인이란 현실에 안주하지 않고 항상 자기발전을 위해서 미래를 준비하는 지향적인 사람을 의미한다.

〈출처 : 국방홍보원〉

나. 직업군인의 특성

직업군인도 하나의 직업인이지만 다른 직업인과 비교할 때 기본적으로 추구하는 가치 및 임무의 특수성과 목숨까지도 담보로 임무를 완수해야 한다는 강력한 책임성의 측면에서 커다란 차이를 보인다. 예컨대 직업군인의 특징은 다음의 4가지로 정리된다.

첫째, 우리 군은 본연의 임무인 국가안보 및 국민의 생명과 재산을 보호하는 특징을 지닌다. 역사는 군이 이러한 본연의 임무수행에 소홀할 때 자국민은 물론 세계 시민에도 커다란 불행을 안겨줄 수 있음을 수없이 보여주었다. 호전성(好戰性)과 세계정복 야욕으로 제2차 세계대전을 일으킨 과거 독일이나 일본의 제국주의 · 국군주의를 생각해보면 이는 더욱 자명해진다.

둘째, 임무수행 과정에서 군인은 개인의 가장 소중한 가치인 목숨을 담보로 책임을 완수해야 한다는 특수성이 있다. 즉, 군 본연의 임무수행 과정에서는 무엇과도 바꿀 수 없는 절체절명(絶體絶命)의 순간이 존재하는데 이러한 순간에 자신의 가장 소중한 목숨까지도 기꺼이 희생해야 한다는 점에서 다른 직업과 명확히 구별된다.

셋째, 군은 명령의 절대성이 요구되는 조직으로서 엄격한 규율과 강력한 위계질서가 지배하는 특징을 가진다.

군의 기능이 정상적으로 작동되기 위해서는 하급제대는 상급제대의 명령을 절대적으로 복종해야 한다. 따라서 군대는 엄격한 상명하복의 위계조직으로 구성되며, 목숨을 바쳐서라도 명령에 복종할 것을 요구한다.

넷째, 군은 강한 사회적 책임을 지닌 조직의 특징을 갖고 있다. 이러한 사회적 책임이 요구되는 이유는 군이 합법적 폭력 관리집단이라는 점이다. 즉 무력의 합법적 관리집단이기 때문에 군에 더욱 강력한 사회적 책임성이 필요하다는 것이다.

군은 다른 직업집단이 대신하기 어려운 고유한 전문기술이 요구되는 집단이다. 즉, 고유한 전문기술이란 무력의 행사가 주 업무인 인간 집단을 지휘하고 관리하며 통제하는 것을 의미한다. 현대는 거대한 직업군대가 평시에도 전쟁에 대비하기 위해 존재하는 시대다.

끊임없이 정보를 수집해 전쟁을 계획하고 고도의 무기를 다룰 수 있도록 교육과 훈련을 해야 하며 부단히 새로운 전장 환경에 적합한 작전개념을 발전시키는 전문가가 되어야하기 때문이다. 뿐만 아니라 전쟁 시에는 막중한 책임감과 희생을 감내하는 헌신적 도덕성이 필요하다.

〈출처 : 국방홍보원〉

따라서 현대의 직업군인은 소명의식에 충만한 전문직업인이 되어야 하는 것이다.

다. 직업군인에게 요구되는 군대윤리

권한이나 권력을 소유하고 있는 사람이 그가 차지하고 있는 사회적 지위나 직책에 부합하는 업무수행 능력과 인격을 구비하지 못하고, 오직 그의 사회적 지위나 직책에 귀속되는 권한과 권리만을 일방적으로 내세울 때 『권위주의』가 나타난다. 계급과 직책의 존엄성은 강조하나 자신이 그 계급과 직책에 부합하는 실력과 인품을 구배했는지에 대해서는 스스로가 외면하는 형국이다.

직업군인에게 군대윤리의 요구되는 윤리적 요소는 직장윤리 의식과 별다른 차이는 없다. 그러나 육군에서 강조해온 5대의식을 중점으로 행동한다면, 큰 무리는 없을 것이다.

첫 번째로, 자신이 부대의 주인이라는 생각으로 주도적으로 일하는 주인의식이다. 두 번째는 자신의 맡은 임무에 대해 책임을 다하는 책임의식이나. 세 빈째는 부대에서 하는 임무 및 업무에 적극적으로 동참하는 참여의식이다. 네 번째는 자만보다는 항시 문제점을 가지고 현상 진단 및 확인을 하는 문제의식이다. 마지막 다섯 번째는 부여된 임무, 도출된 문제에 대해서는 반드시 해결하고자 하는 해결의식이다.

개념정리

- 육군 직업군인의 5대 의식
  1) 주인의식 : 자신이 부대의 주인이라는 생각으로 일하는 주도적 자세
  2) 책임의식 : 자신의 맡은 임무에 대해 책임을 다하는 자세
  3) 참여의식 : 부대에서 하는 임무 및 업무에 적극적으로 동참하는 자세
  4) 문제의식 : 나와 내 부대가 개선 및 발전할 수 있도록, 자만보다는 문제점을 가지고 진단 및 확인하는 시각을 견지
  5) 해결의식 : 부여된 임무, 도출된 문제에 대해서 반드시 해결하고자 하는 업무자세 견지

참 고 부하들이 존경하는 상급자

1. 일을 잘 가르쳐 주는 상급자
2. 명랑한 분위기를 조성하는 상급자
3. 어려울 때 도와주는 상급자.
4. 노력과 성과를 인정해 주고, 공평하게 평가해 주는 상급자
5. 무리하게 억누르지 않고, 책임지려는 상급자
6. 장래 일을 생각해 주고 신상을 걱정해 주는 상급자
7. 지나치게 일에 간섭하지 않고, 자유스럽게 하도록 맡겨 주는 상급자
8. 흥미있게 일을 시키는 상급자
9. 방향과 방침을 명확하게 설명해 주는 상급자

참 고 부하들이 신뢰하지 않는 상급자

1. 사리사욕에 눈먼 사람
2. 언행일지차 되지 못한 사람
3. 불신받는 사람
4. 예측력, 통찰력이 결여된 사람
5. 의지가 약하고 변덕이 심한 사람
6. 책임을 회피하는 사람
7. 어려운 일을 회피하는 사람
8. 상벌, 인사관계가 불공평한 사람
9. 부하의 고통을 이해하지 못하고 동정심이 없는 사람
10. 부하의 실상을 모르는 사람
11. 실패를 자주 하는 사람
12. 지시사항이 간명치 못한 사람
13. 가족 통제를 못하는 사람

6-2. 필수요건 Ⅰ : 육군 5대가치관

국군의 5대가치관은 충성(忠誠), 용기(勇氣), 책임(責任), 존중(尊重), 창의(創意) 이다. 최초에 가치관 연구를 할 때, 순서까지 고려되어 만들었기 때문에 충성이 가장 첫 번째로 등장하게 되었다. 육군의 5대 가치관은 전 장병이 가치관으로 새겨 신념화 할 수 있어야 하는 덕목이다.

가. 충성의 개념

충성(忠誠)에 대하여 학자들마다 다양하게 정의하고 있는데, 군에서 내린 정의에 의하면 충성이란 『국가와 국민, 상관에 대하여 마음에서 진정으로 우러나오는 희생과 봉사정신으로 정성을 다하는 것』이라 하고 있다. 그러나 충성은 동료 및 부하까지도 포함해야 하므로 『충성이란 국가와 국민, 상관과 동료, 부하 등에 대하여 진정으로 우러나오는 희생과 봉사정신으로 정성을 다하는 것』이라 할 수 있다.

충성의 대상에 국가와 국민, 상관에 추가하여 동료 및 부하를 넣어야 하는 이유는 군대의 리더십도 과거에는 '나를 따르라'이었다면 이제는 '함께 하자'이며, 상관에 대한 절대적인 복종도 중요하지만 동료와 부하에 대하여 희생과 봉사를 다함으로써 동료의 협력과 부하의 자발적인 복종을 끌어낼 수 있기 때문이다.

〈출처 : 영화 연평해전〉

나. 용기의 개념

용기(勇氣)란 스스로 자제력과 분별력을 가지고 정의감에 따라 자신의 신념대로 행동하는 힘이다.

진정한 용기는 두려우면서도 그것을 억누르고 자기임무를 완성하는 것으로 시기와 장소, 대상을 분별하고 항상 명령과 규율 아래서 발휘되는 것을 말한다. 용기는 전장에서 공포심을 최소화하고, 전쟁에서 승리하게 하는 군인정신의 중요한 요솔 사리분별을 분간하지 아니하고 함부로 날뛰는 말과 행동을 하는 만용과는 확연히 다른 개념이다.

다. 책임의 개념

책임(責任)이란 맡은 바 역할과 임무를 완수하겠다는 마음가짐 및 행위이며, 그 결과에 대한 도덕적, 법률적 불이익을 감수하겠다는 것을 말한다. 군에서의 책임은 반드시 수행해야하는 절대적인 것이다.

책임완수 여부는 국가 운명과 직결되기 때문에 자신의 생명까지도 바쳐서 완수해야 한다. 군인의 책임 완수가 부대 임무의 성패와 직결되기 때문에 군인의 책임은 연대책임이며, 따라서 직책에 따라 명확한 책임을 부여하고 있는 것이다.

〈출처 : 국방홍보원〉

라. 존중의 개념

존중(尊重)이란 모든 사람의 인간적 존엄성과 그 존재가치를 인정해주고 배려하는 것을 말한다.

존중은 부대와 동료를 인격적으로 대우하고 인정과 칭찬을 통해 조직구성원 모두를 화합 단결시키는 가치이다. 존중은 상경하애(上敬下愛), 신뢰구축, 화합단결을 촉진하여 군심(軍心)을 집결시키고 건전한 군대 문화 창조와 무형전력 극대화에 기여한다.

마. 창의의 개념

창의(創意)란 고정관념에서 탈피하여 새로운 생각이나 착상으로 문제점을 찾아 해결하려고 하는 사고력을 뜻한다.

창의는 미래 환경에 능동적으로 대처하는 사고력 개발과 『일일신 우일신(日日新 又日新)』으로 과거의 잘못된 고정관념과 관행을 혁신하는데 필요한 가치이자 지식·정보화 시대를 주도할 수 있는 역량을 배양하는 기초이다.

〈출처 : 국방홍보원〉

군에서 추진하고 있는 5대 가치관 이외의 추가적으로 갖추어야 할 기본자질은 의지, 자제력, 건강, 체력, 군인기본자세 등이 요구되면, 기타 자기감정 통제와 침착성, 인내심 등 구비가 요망된다.

입대 전 알아두기 **육군 5대가치관**

충성(忠誠), 용기(勇氣), 책임(責任), 존중(尊重), 창의(創意)

6-3. 필수요건 Ⅱ : 올바른 성윤리의식

가. 군대내 성관련 문제에 대한 규정

군대 내에서도 성희롱과 성추행의 문제는 종종 발생한다. 우선 정의를 살펴보면, 성희롱은 성적인 언어와 행동으로 굴욕감과 혐오감을 느끼게 하는 행위로 정의하고 있으며, 성추행은 동성 또는 이성간에 선임병 신분이나 상위계급(직위)을 이용해 성적인 행동을 강요하는 것으로 정의하고 있다.

군에서 성관련 사고는 부대조직 및 단결파괴로 인식하여, 예방·색출을 위한 다각도의 노력을 기울이고 있다.

(1) 성관련 가해자 처리 규정

개념정리

- **성희롱 가해자 처리**
  - **국방부 훈령 제 686호 성군기 위반사고 방지지침('01.6.11) 제12조에 의거,**

    ※ 징계 또는 현역복무부적합자 처리 규정에 의거 처리
    단, 성범죄 해당사고는 관련 형사 사법 절차에 의거 처리

- **성추행범 처리**
  - **형법 제 298조(강제추행) : 10년이하 징역 또는 1,500만원 이하의 벌금**
  - **성폭력 범죄의 처벌 및 피해자 보호 등에 관한 법률 제11조**

    (업무상 위력 등에 의한추행) : 2년이하의 징역 또는 500만원 이하 벌금

(2) 군대에서의 예방 및 조치방법

개념정리

- 성희롱
  - 예방할 수 있는 분위기 조성
  - 성희롱 발생시 보고 할 수 있는 여건 조성
  - 가해자는 강력히 처벌하고 피해자는 최선을 다해 보호
- 성추행
  - 성추행자는 우려자 식별 및 행위사실 색출 노력
  - 다양한 방법으로 성추행사고 예방
  - 성추행자는 동정의 여지없이 처벌

입대 전 알아두기 **부사관 행동강령**

나는 자랑스러운 육군 부사관이다.
하나, 나는 전술전기를 연마하여 부하들과 함께 전투에서 승리를 이끌겠다.
하나, 나는 전투기술을 행동으로 보여주고 부하들이 숙달하도록 훈련을 시키겠다.
하나, 나는 전투장비를 효율적으로 관리하여 상시 전투준비태세를 유지하겠다.
하나, 나는 장교를 성실히 조력하고 솔선수범으로 군기를 유지하겠다.
하나, 나는 지휘관을 중심으로 화합•단결하고 조직에 헌신하는 기풍을 진작하겠다.

6-4. 필수요건 Ⅲ : 민주시민의식

먼저 인간으로서의 군인은 '제복 입은 민주시민'으로서 자유 민주주의 가치를 신념화하고 평화를 사랑하며 더불어 사는 세상에 도덕적 진실성을 확보함은 물론 타인을 존중해야 한다.

국가 사회 안에는 다양한 상하조직사회가 존재한다. 이를 크게, 군대사회, 정치사회, 시민사회로 나누어 볼 수 있다. 이 중 군대사회의 경우 국가안보라는 측면에서 여타 사회와는 확연히 구분되는 고유한 임무와 기능을 가지며 독자적 지위를 차지한다.

그러나 이러한 군의 독특한 지위는 다른 사회와 별개로 존재할 수 있는 것이 아니다. 군대사회는 상위의 국가사회 속에 자리하고 있을 뿐 아니라 수평적 수준에서 정치사회, 시민사회와, 상호 밀접하게 연계되어 있다.

즉, 군대사회는 국가 사회 안에서 여타 사회와 종적 및 횡적으로 상호작용하면서 존재하고 유지·변화해 나가는 것이다. 군대사회가 갖는 직업윤리의 특성은 이와 같은 상호작용의 관계성에 대한 이해에서 파악되어야 한다.

군은 국가사회를 구성하는 하나의 사회집단이다. 비록 군대사회가 여타의 민간 사회와 뚜렷이 다른 특성을 가진 것이 사실이지만, 군은 모체사회로서 국가사회를 구성하는 하나의 하위 사회로서 상위의 국가사회와는 물론이고 인접한 여타 사회 집단과도 복합적인 상호관계를 맺지 않을 수 없다.

〈출처 : 국방홍보원〉

군 구성원은 민간사회로부터 충원되며, 대다수의 군 구성원은 조기에 시민사회로 복귀한다. 이러한 인적 순환 외에도 군대 사회는 민간사회의 역사와 문화, 경제와 정치, 과학기술로부터 끊임없는 영향을 받게 된다. 무엇보다도 군대의 주인은 국가의 국민이며, 군대는 국가와 국민의 요구를 수용하여 변화와 발전을 해야 하는 국가조직이다.

〈연예인 병사, 출처 : 국방홍보원〉

특히 지식정보화 시대로 접어든 최근의 급격한 사회 문화적 변화의 추세는 우리 군이 보다 성숙한 선진군대로 변화하고 성장해 갈 것을 요구하고 있다.

군은 고유의 전통에 뿌리를 두고 군사적 고유성을 유지하면서도, 국가의 보편적 가치와 이념을 군의 특수한 임무와 역할에 적합하게 구현하여야 하며, 수평적으로는 정치사회나 시민사회의 요구와 영향에 따라 시기적절한 변화도 수용하여야 한다. 군 고유의 특수성을 무시하고 일반적인 민간사회의 가치와 체제를 그대로 군대에 이식하는 것도 곤란하지만, 그렇다고 민간사회와 무관한 군대를 만들 수 도 없는 것이다.

따라서 군 고유의 특수성을 인정하면서도 민간사회의 근본정신과 어떻게 조화시킬 것인가 하는 것이 중요한 과제가 된다. 군인의 민주시민 의식은 위와 같은 군대사회와 마찬가지로, 민간사회의 상호 밀접한 관계에 따라 군고유의 특수성과 민간사회의 보편성을 수용한 개념으로 이해할 수 있다.

비록 군인은 민간인과는 구별되는 군복을 입었을 지라도 민주국가의 기본가치를 따라야할 민주시민의 일원이라는 점이 더욱 근본적 바탕이다.

군대사회가 아무리 특수하다고 할지라도 그 특수성이 국가사회의 보편적 이념과 가치를 넘어설 수는 없다. 군의 특수성은 우리나라의 민주국가로서 보편성 안에서 가치를 갖는다. 우리 군이 지키려는 나라는 민주국가로서 대한민국이다.

〈출처 : 국방홍보원〉

민주국가의 군대로서 우리 군이 지키고자 하는 것은 민주주의 자체이며, 민주적 가치와 정신을 보편적 가치와 이념으로 믿고 수호하고자 하는 것이다. 민주주의를 지키고자 하는 군대가 민주적 가치와 정신을 무시하거나 훼손한다면, 그것은 우리 군의 존립자체를 의심받게 되는 상황을 초래하게 될 것이다.

따라서 우리사회의 보편적 가치가 우리 군의 운영원리와 체제유지의 기본가치로 작동 할 수 있도록 우리 군 고유의 특수한 가치와 윤리, 기능과 역할, 문화와 전통을 적절하게 조형해 나가는 것이 요구된다고 하겠다. 이와같은 지향을 담고 있는 말이 군복 입은 민주시민 라고 하겠다.

〈출처 : 국방홍보원〉

주제토의

1. 직업군인에게는 여러가지 중요한 군대윤리가 요구된다. 육군의 5대 가치관을 바탕으로, 부하로부터 존경과 신뢰를 받는 성공적 지휘를 할 수 있는 간부상(幹部象)의 모습에 대해서 조별 토의 및 발표 하시오.

   * 충성(忠誠) :

   * 용기(勇氣) :

   * 책임(責任) :

   * 존중(尊重) :

   * 창의(創意) :

〈출처 : NEWS1〉

주제토의

2. 사례 #1

2018년 1월 나는 이순신부대의 부소대장을 부임해 업무파악을 시작했다. 소대원은 전임 부소대장의 지휘기법과 업무스타일에 익숙해져있고 선임 병장들은 군 생활이 경험을 이유로 올바른 지시에도 불만을 표시하며 제대로 따르지 않는 등 지휘가 어려웠다. 나는 어떻게 해야 할지 많은 고민을 하다가 주변 사람들의 도움을 받는 것이 가장 빠른 길이라고 판단하여 중대의 선임 부소대장, 행정보급관을 통해 소대의 강•약점을 물어 파악하고 이를 바탕으로 개인별 특성을 고려한 맞춤형 지휘를 하자 반감이 줄었고, 업무수행에 필요한 관련 교범과 규정 등을 탐독하고 이와 함께 잘못은 엄하게 처리하는 등 원칙적인 지휘를 하되 부소대장인 내가 먼저, 힘들고 어려운 것은 항상 같이하는 솔선수범하는 모습을 바탕으로 지속하니 결국 소대원들이 나의 진심을 받아들이기 시작했고 전우애와 단결심을 바탕으로 대대에서 가장 단합되고 활기가 넘치는 소대로 인정받게 되었다.

위 사례를 읽고 느낀 소감과 리더자로서의 부대 화합단결 방안에 대하여, 조별 토의 및 발표 하시오.

제 3 장 군법과 인권의 이해 및 실천

제 7 절 군법 및 규정과 방침

7-1. 군법 · 규정 · 방침의 개념 및 특성
7-2. 군인복무기본법의 이해
7-3. 전쟁법의 이해

제 8 절 군인복무기본법과 군 인권의 관계

8-1. 군인복무기본법의 주요항목
8-2. 군 인권의 개념 및 특성
8-3. 군인복무기본법과 군 인권의 적용

제 9 절 전쟁법과 전쟁윤리의 관계

9-1. 전쟁법의 개념 및 특성
9-2. 전쟁법의 주요항목
9-3. 전쟁윤리의 개념 및 특성
9-4. 군인의 전쟁윤리 실천

제 3 장 군법과 인권의 이해 및 실천

제7절 군법 및 규정과 방침

7-1. 군법 · 규정 · 방침의 개념 및 특성

가. 법규체계도

(1) 헌법

모든 법은 모법(母法)이며 기본법임, 법률과 명령은 물론 국가기관의 행위보다 상위에 있으며 국가기관의 권력발동의 근거를 말한다.

* 예 : 국군의 사명(제 5조), 대통령의 국군통수권(제 74조) 등

(2) 법률

국회의 심의 절차를 거쳐 제정한 법형식이며, 국민의 권리와 의무에 관한 사항은 법률로 정하여야 한다.

* 예 : 국군조직법, 병역법, 군인사법, 군인연금법, 군사법원법,군무원 인사법, 군형법, 사관학교설치법, 통합방위법, 향토예비군설치법 등

(3) 대통령령

대통령이 법률을 구체적으로 시행하기 위하여 필요한 사항(집행명령)에 관한 발하는 명령을 말한다.

* 예 : 군인사법시행령, 군인복무기본법 시행령, 계엄법시행령, 군인복제령, 통합방위법시행령, 학생군사교육실시령, 군인징계령 등

(4) 국방부령

국방부 장관이 법률에서 구체적으로 범위를 정하여 위임받은 사항이나 법률을 시행하기 위해 필요한 사항(집행명령)에 관해 발하는 명령을 말한다.

* 예 : 군인사법 시행규칙, 군인연금법 시행규칙, 병역법 시행규칙 등

(5) 행정 규칙

행정기관이 하급 행정기관에 대하여 법률의 수권 없이 권한 범위 내에서 발하는 일반적 · 추상적 규율을 말한다.

* 예 : 행정규칙

(6) 훈령

국방부장관이 소속부대(기관)에 장기간에 걸쳐 그 권한 행사를 일반적으로 지시하기 위하여 발하는 행정규칙을 말한다.

* 예 : 대통령훈령, 국무총리 / 국방부 장관훈령

(7) 규정

육군참모총장이 소속부대(기관)에 장기간에 걸쳐 그 권한 행사를 일반적으로 지시하기 위하여 발하는 명령을 말한다.

* 예 : 육군규정 등

(8) 지시

국방부장관, 합동참모의장, 각 군 참모총장이 그 명칭(지시, 지침, 편람, 계획, 업무방향 등)에 불구하고 2년 이내의 존속기간을 정하여 하급기관에 발하는 명령으로서 훈련, 예규, 규정 등에서 정하지 않은 상황이나 위임된 사항 또는 시행을 위하여 세부적인 절차를 정하는 행정 규칙을 말한다.

* 예 : 국방부장관 지시, 육군참모총장 지시, 군사령관 지시 등등

(9) 예규

해당 부대(기관)의 행정사무의 통일을 기하기 위하여 반복적 행상 사무의 처리 기준을 제시하거나 또는 사무분장에 관한 사항을 정하는 것을 내용으로 하는 행정규칙

* 예 : 국방부예규, 육군예규, 군사령부예규, 사단예규

(10) 일일명령

중대급 이상 부대장과 육본 및 군사령부 참모가 당직근무, 위병근무 및 기타근무(불침번, 급양감독, 군기순찰 등) 사항을 발령하는 명령을 말한다.

나. 육군규정의 정의

육군규정(陸軍規定, army regulation)은 전 육군에 적용되는 영구 또는 반영구적인 기본방침, 지시, 군 운영관리에 관한 행정절차, 책임한계를 수록한 것이다. 참고로 규정이라 함은 행정조직 내부에서만 효력을 가지는 규범이며, 방침은 앞으로 일을 치러 나갈 방향과 계획을 말한다.

〈출처 : 국방홍보원〉

다. 규정과 방침 준수의 중요성

아래의 『표』는 각 발령권자가 제정할 수 있는 범위의 법·규정 항목이다. 특히 육군참모총장은 육군규정과 육군내규, 예규, 지시를 제정할 수 있다. 군에서 이야기하는 군법이라는 것은 대통령령의 법과, 육군규정을 말하는데, 법에 상응하는 법적효력이 발생하여, 미준수자들은 법에 의한 징계가 가능하는 점이다. 안타깝게도, 군에서 징계를 받는 사람들은 이러한 군법을 잘 모르거나, 실수로 어겨서 문제가 되는 경우가 많다. 가벼운 경징계만을 받는다고 하더라도, 군에서 장기복무 선발과 진급에 불이익을 받게 되므로, 간부들은 스스로가 법 규정을 잘 숙지하고 지키려는 노력이 필요하다.

참 고 직책별 수립가능한 종류의 법과 규정

발 령 권 자	내 용
대 통 령	대통령 훈령
국무총리 / 국방부장관	훈령, 예규, 통첩, 지시
육군 참모총장	육군규정, 육군내규, 예규, 지시
군사령관 / 육직 장관급부대	규정, 내규, 예규, 지시
군단장 이하 지휘관	내규, 예규, 지시

7-2. 군인복무기본법의 이해

가. 군인복무기본법의 이해

군인복무기본법의 정식명칭은 『군인의 지위 및 복무에 관한 기본법』이며, 국방부 공포법령이다.

과거에 국방부의 군인복무규율이라는 규정이 인권부분이 강화되어 수정된 개념이고 군 복무 및 병영생활 부분의 전반적인 사항은 기본을 유지하는 형태로 상향 법으로 제정이 된 형태이다.

기존의 군인복무규율은 대통령령이었으나, 이번에 제정 공포된 군인복무기본법은 법률의 형식으로 상향된 것이다. 관련법은 2017년 6월 22일부 시행법률로, 법률 제14609호가 타법개정된 법안이다.

『군인의 의무 및 금지사항도 대통령령이 아닌 법률로 규정함으로써 국민의 자유와 권리는 국가안전보장·질서유지 또는 공공복리를 위해 필요한 경우에는 법률로 제한할 수 있다』고 명시한, 군 인권 측면이 강화된 법이다.

〈출처 : 국방홍보원〉

국방부는 격상된 법제정으로 인하여, 군의 위상이 훨씬 강화되었다고 발표하였다. 그리고 2017년에 군인복무기본법 해설서를 만들어, 중대급 부대까지 배포하고 모든 장병을 대상으로 교육도 실시할 예정이다. 아울러, 군인복무 기본정책을 2017년 10월까지 만들고, 시행계획은 2017년 11월까지 작성할 계획이다.

7-3. 전쟁법의 이해

전쟁법은 쉽게 이야기하면 전쟁을 하는데에 있어서의 규칙이 아니라, 전쟁을 실시하는 과정상에서 희생자를 보호하기 위해 제정된 제네바 협약을 의미하는 것이다.

제네바 협약은 1864 ~ 1949년 제네바에서 체결된 일련의 국제조약으로, 적십자 조약이라고도 한다.

법 제정 및 시행 목적은 전쟁 및 기타 무력분쟁이 발생했을 경우 부상자·병자·포로 등을 전쟁의 위험 또는 재해로부터 보호하여 전쟁의 참화를 경감시키려는 것이다.

〈제네바 협약, 출처 : 네이버캐스트〉

적십자의 창시자인 앙리 뒤낭의 제안으로 1864년 12개국 정부가 서명한 『육전에 있어서의 부상자·병자·조난자에 관한 규정』을 근간으로 하였다. 현대의 전쟁상황에서 군대윤리는 제네바 협약(1948. 8. 12)에 준하여 행동한다.

〈적십자의 아버지 앙리뒤낭, 출처 : 한국경제신문〉

우리나라는 1966년에 제네바 협약에 가입하였고, 1982년 12개의 의정서에 비준하였다.

주제토의

1. 군법·규정·방침의 개념 및 특성을 알고, 군 조직에서의 중요성에 대해서 사례를 들어 조별 토의 및 발표 하시오.

2. 사례 #1

태백산 하사는 1중대 3소대의 분대장으로 전입 온 지 1달이 채 되지 않은 초임하사이다. 그러나, 1달이라는 전입기간이 무색하게, 오래전부터 근무했던 간부처럼, 강한 카리스마로 잘 근무하였다.

입대 전 축구선수 생활을 하였기 때문에, 축구경기가 있는 주말과 전투체육 시간이 되면 매우 큰 인기를 얻었다. 전역이 얼마남지 않은 소대 병장들 또한 '형님' 이라고 부른다. 그러던 중, 평소 아끼던 김병장이 핸드폰을 몰래 반입하여 쓰는 것을 발견하였다. 김병장은 전역이 2주가 채 안 남았다.

소대 병사들 사이에서 관행적으로, 전역 2주전 핸드폰 사용은 묵인해온 분위기이다. 태백산 하사는 높은 인기와 관행을 이해하고자 묵인하였다.

그러던 중, 모병사의 마음의 편지로 관련사실이 알려지면서 궁지에 몰린 김병장은, 태백산 하사에게 승인을 받았다고 거짓말을 하였고, 태백산 하사는 징계를 받게 되었다.

위 사례를 읽고 느낀 소감에 대하여 조별 토의 및 발표 하시오.

제 8 절 군인복무기본법과 군 인권의 관계

8-1. 군인복무기본법의 주요항목

가. 군인복무기본법 : 군인의 지위 및 복무에 관한 기본법

(법률 제14609호, 공포일2017.03.21., 시행일2017.06.22. 타법개정)

제1장 총칙

제1조(목적) 이 법은 국가방위와 국민의 보호를 사명으로 하는 군인의 기본권을 보장하고, 군인의 의무 및 병영생활에 대한 기본사항을 정함으로써 선진 정예 강군 육성에 이바지하는 것을 목적으로 한다.

제2조(정의) 이 법에서 사용하는 용어의 뜻은 다음과 같다.

1. "군인"이란 현역에 복무하는 장교·준사관·부사관 및 병(兵)을 말한다.
2. "지휘관"이란 중대급 이상의 단위부대의 장, 함선부대의 장 또는 함정, 항공기를 지휘하는 자를 말한다.
3. "상관"이란 명령복종관계에 있는 사람 사이에서 명령권을 가진 사람으로서 국군통수권자부터 당사자의 바로 위 상급자까지를 말한다.
4. "명령"이란 상관이 직무상 내리는 지시를 말한다.
5. "병영생활"이란 내무생활, 근무, 교육훈련, 그 밖의 병영을 중심으로 이루어지는 모든 활동을 말한다.
6. "내무생활"이란 영내 거주의무가 있는 군인의 생활관을 중심으로 이루어지는 일상활동을 말한다.

제3조(적용범위) 생략

제4조(국가의 책무) 생략

제5조(국군의 강령)

① 국군은 국민의 군대로서 국가를 방위하고 자유민주주의를 수호하며 조국의 통일에 이바지함을 그 이념으로 한다.

② 국군은 대한민국의 자유와 독립을 보전하고 국토를 방위하며 국민의 생명과 재산을 보호하고 나아가 국제평화의 유지에 이바지함을 그 사명으로 한다.

③ 군인은 명예를 존중하고 투철한 충성심, 진정한 용기, 필승의 신념, 임전무퇴의 기상과 죽음을 무릅쓰고 책임을 완수하는 숭고한 애국애족의 정신을 굳게 지녀야 한다.

제6조(다른 법률과의 관계) 생략

제2장 군인복무기본정책 등 생략

제3장 군인의 기본권

제10조(군인의 기본권과 제한) 생략

제11조(평등대우의 원칙) 생략.

제12조(영내대기의 금지) 생략

제13조(사생활의 비밀과 자유) 생략

제14조(통신의 비밀보장)

① 생략

② 군인은 작전 등 주요임무수행과 관련된 부대편성·이동·배치와 주요 직위자에 관한 사항 등 군사보안에 저촉되는 사항을 통신수단 및 우편물 등을 이용하여 누설하여서는 아니 된다.

제15조(종교생활의 보장) 생략

제16조(대외발표 및 활동) 생략

제17조(의료권의 보장) 생략

제18조(휴가 등의 보장)

① 군인은 대통령령으로 정하는 바에 따라 휴가·외출·외박을 보장받는다.

② 지휘관은 다음 각 호의 어느 하나에 해당하는 경우에는 군인의 휴가·외출·외박을 제한하거나 보류할 수 있다.

1. 전시 · 사변 또는 이에 준하는 국가비상사태가 발생한 경우
2. 침투 및 국지도발 상황 등 작전상황이 발생한 경우
3. 천재지변이나 그 밖의 재난이 발생한 경우
4. 소속부대의 교육훈련 · 평가 · 검열이 실시 중이거나 실시되기 직전인 경우
5. 형사피의자 · 피고인 또는 징계심의대상자인 경우
6. 환자로서 휴가를 받기에 적절하지 아니한 경우
7. 전투준비 등 부대임무수행을 위해 부대병력유지가 필요한 경우

제4장 군인의 의무 등 생략

제19조(선서) 생략

제20조(충성의 의무)

군인은 국군의 사명인 국가의 안전보장과 국토방위의 의무를 수행하고, 국민의 생명 · 신체 및 재산을 보호하여 국가와 국민에게 충성을 다하여야 한다.

제21조(성실의 의무)

군인은 직무 수행에 따르는 위험과 책임을 회피하지 아니하고 성실하게 그 직무를 수행하여야 한다.

제22조(정직의 의무)

군인은 명령의 하달이나 전달, 보고 및 통보를 할 때에 정직하여야 한다.

제23조(청렴의 의무)

① 군인은 직무와 관련하여 직접 또는 간접을 불문하고 사례·증여 또는 향응을 주거나 받아서는 아니 된다.

② 군인은 직무상의 관계 여하를 불문하고 그 소속 상관에게 증여하거나 소속 부하로부터 증여를 받아서는 아니 된다.

제24조(명령 발령자의 의무)

① 군인은 직무와 관계가 없거나 법규 및 상관의 직무상 명령에 반하는 사항 또는 자신의 권한 밖의 사항에 관하여 명령을 발하여서는 아니 된다.

② 명령은 지휘계통에 따라 하달하여야 한다. 다만, 부득이한 경우에는 지휘계통에 따르지 아니하고 하달할 수 있고, 이 경우 명령자와 수명자는 이를 지체 없이 지휘계통의 중간지휘관에게 알려야 한다.

③ 명령의 하달은 신속·정확하게 이루어져야 한다.

④ 군인은 자신이 내린 명령의 이행 결과에 대하여 책임을 진다.

제25조(명령 복종의 의무)

군인은 직무를 수행할 때 상관의 직무상 명령에 복종하여야 한다.

제26조(사적 제재 및 직권남용의 금지)

군인은 어떠한 경우에도 구타, 폭언, 가혹행위 및 집단 따돌림 등 사적 제재를 하거나 직권을 남용하여서는 아니된다.

제27조(군기문란 행위 등의 금지)

① 군인은 다음 각 호의 행위를 하여서는 아니 된다.

1. 성희롱·성추행 및 성폭력 등의 행위
2. 상급자·하급자나 동료를 음해(陰害)하거나 유언비어를 유포하는 행위
3. 의견 건의 또는 고충처리 등을 고의로 방해하거나 부당한 영향을 주는 행위
4. 그 밖에 군기를 문란하게 하는 행위

② 생략

제28조(비밀 엄수의 의무)

① 군인은 복무 중일 때뿐만 아니라 전역 후에도 복무 중 알게 된 비밀을 엄격히 지켜야 한다.

② 군인은 직무상 알게 된 비밀을 공무 외의 목적으로 사용하여서는 아니된다.

제29조(직무이탈 금지)

군인은 상관의 허가 또는 정당한 사유 없이 직무를 이탈하여서는 아니 된다.

제30조(영리행위 및 겸직 금지)

① 군인은 군무(軍務) 외에 영리를 목적으로 하는 업무에 종사하지 못하며 국방부장관의 허가를 받지 아니하고는 다른 직무를 겸할 수 없다.

② 생략

제31조(집단행위의 금지)

① 군인은 다음 각 호에 해당하는 집단행위를 하여서는 아니 된다.

1. 노동단체의 결성, 단체교섭 및 단체행동
2. 군무에 영향을 주기 위한 목적의 결사 및 단체행동
3. 집단으로 상관에게 항의하는 행위
4. 집단으로 정당한 지시를 거부하거나 위반하는 행위
5. 군무와 관련된 고충사항을 집단으로 진정 또는 서명하는 행위

② 생략

③ 생략

제32조(불온표현물 소지 · 전파 등의 금지) 생략

제33조(정치 운동의 금지)

① 군인은 정당이나 그 밖의 정치단체의 결성에 관여하거나 이에 가입할 수 없다.

② 군인은 선거에서 특정 정당 또는 특정인을 지지 또는 반대하기 위한 다음 각 호의 행위를 하여서는 아니된다.

1. 투표를 하거나 하지 아니하도록 권유 운동을 하는 것
2. 서명 운동을 기도 · 주재하거나 권유하는 것

3. 문서나 도서를 공공시설 등에 게시하거나 게시하게 하는 것
4. 기부금을 모집 또는 모집하게 하거나, 공공자금을 이용 또는 이용하게 하는 것
5. 타인에게 정당이나 그 밖의 정치단체에 가입하게 하거나 가입하지 아니하도록 권유 운동을 하는 것

③ 군인은 다른 군인에게 제1항과 제2항에 위배되는 행위를 하도록 요구하거나, 정치적 행위에 대한 보상 또는 보복으로서 이익 또는 불이익을 약속하여서는 아니 된다.

제34조(전쟁법 준수의 의무)

① 군인은 무력충돌 행위에 관련된 모든 국제법 중에서 대한민국이 당사자로서 가입한 조약과 일반적으로 승인된 국제법규(이하 "전쟁법"이라 한다)를 준수하여야 한다.

② 군인은 전쟁법을 숙지하여야 하며, 국방부장관은 대통령령으로 정하는 바에 따라 군인에게 전쟁법에 대한 교육을 실시하여야 한다.

제5장 병영생활

제35조(군인 상호간의 관계)

① 군인은 동료의 인격과 명예, 권리를 존중하며, 전우애에 기초하여 동료를 곤경과 위험으로부터 보호하여야 한다.

② 군인은 동료의 가치관을 존중하고 배려하여야 한다.

③ 병 상호간에는 직무에 관한 권한이 부여된 경우 이외에는 명령, 지시 등을 하여서는 아니 된다.

제36조(상관의 책무)

① 상관은 직무수행 시는 물론 직무 외에서도 부하에게 모범을 보여야 한다.

② 상관은 직무에 관하여 부하를 지휘·감독하여야 한다.

③ 상관은 부하의 인격을 존중하고 배려하여야 한다.

④ 상관은 직무와 관계가 없거나 법규 및 상관의 직무상 명령에 반하는 사항 또는 자신의 권한 밖의 사항 등을 명령하여서는 아니 된다.

제37조(다문화 존중) 생략

제38조(기본권교육 등) 생략

제6장 군인의 권리구제 : 생략

→ 『8-3 군인복무기본법과 군 인권의 적용』 단원에서 보충설명

제41조(전문상담관)

① 생략

1. 군 생활에 따른 부적응에 관한 사항
2. 가족관계 및 개인 신상에 관한 사항
3. 구타, 폭언, 가혹행위 및 집단 따돌림 등 군 내 기본권 침해에 관한 사항
4. 질병·질환 및 건강 악화 등 신체에 관한 사항
5. 장기복무 군인가족의 자녀교육 및 현지생활 부적응 등 사회복지에 관한 사항
6. 그 밖에 군 생활로 인하여 발생하는 고충이나 어려움에 관한 사항

제42조(군인인권보호관) ~ 제52조(벌칙)

→ 『8-3 군인복무기본법과 군 인권의 적용』 단원에서 보충설명

제7장 특별근무 등

제46조(특별근무) 생략

제47조(비상소집 등) 생략

제48조(초병의 무기사용 등)

① 초병은 다음 각 호의 어느 하나에 해당하는 경우에 한정하여 필요한 최소한의 범위에서 휴대하고 있는 무기(초병이 임무수행을 위해 휴대한 소총, 도검 등 모든 장비를 말한다. 이하 같다)를 사용할 수 있다.

1. 책임구역 내 인원의 생명·신체 또는 재산을 보호함에 있어서 그 상황이 급박하여 무기를 사용하지 아니하면 보호할 방법이 없을 때
2. 국방부장관이 정하는 방법에 따라 수하(誰何)하여도 이에 불응하여 대답이 없거나, 도주하거나 또는 초병에게 접근할 때
3. 초병이 폭행을 당하거나 또는 당할 우려가 있는 경우 그 상황이 급박하여 자위상 부득이할 때

② 초병은 지휘계통상의 상관의 명령이나 지시 없이 휴대하고 있는 무기나 탄약을 타인에게 넘겨주어서는 아니된다.

입대 전 알아두기 **부사관의 책무**

부사관은 부대의 전통을 유지하고 명예를 지키는 간부이다. 그러므로 맡은바 직무에 정통하고, 모든일에 솔선수범하며, 병(병사)의 법규 준수와 명령이행을 감독하고 교육훈련과 내무생활을 지도하여야 한다. 또한, 병의 신상을 파악하여 선도하고, 안전사고를 예방하며, 각종 장비와 보급품 관리에 힘써야 한다.

입대 전 알아두기 **장교의 책무**

장교는 군대의 기간(基幹)이다. 그러므로 장교는 그 책임의 중대함을 자각하여 직무수행에 필요한 전문지식과 기술을 습득하고, 건전한 인격의 도야와 심신의 수련에 힘쓸 것이며 처사를 공명정대히 하고 법규를 준수하며 솔선수범함으로써 부하로부터 존경과 신뢰를 받아 역경에 처하여서도 올바른 판단과 조치를 할 수 있는 통찰력과 권위를 갖추어야 한다.

8-2. 군 인권의 개념 및 특성

가. 군대에서의 인권과 기본권

〈출처 : 국방홍보원〉

먼저, 『인권』과 『기본권』이라는 용어혼동이 발생하면 안된다. 『인권』은 『모든 인간이 누릴 천부적인 권한이다. 특별한 제약사항이 없고 다소 방대한 개념』이다. 『기본권』은 『인권 중에서도 핵심적인 가치들을 법으로 보장하는 것』으로 대개는 그 항목들이 구체적으로 명시가 되어 있다.

인권과 기본권의 논란이 되는 장소는, 교도소와 군대, 외국인 근로자가 일하는 합숙 형태의 공장, 병원 등이다. 공통적인 사항은 사회와 다소 격리가 되어있다는 곳으로 볼 수 있다. 쉽게 말해서, 이러한 다소 격리된 곳에서 인간이 스스로가 자의로 선택할 수 없는 활동이 있다고 한다면, 그것은 다 인권에 저촉될 확률이 높다.

〈출처 : 국방홍보원〉

하지만, 군대의 경우 누군가는 휴식을 할 때, 교대로 경계근무에 투입해야 하는 상황도 있고, 부대의 여건에 따라 외출·외박·휴가 등을 통제 당할 수 있다. 그러나 이런 것들을 모두 인권에 저촉된다고 볼 것인가? 그렇게 보지는 않는다. 그래서 인권에 기본법이 적용이 되는 것이다.

따라서, 군인복무기본권에 군대에서 최소한 이 정도는 유지해야겠다는 사항들을 선정하여 법에 반영한 것이 기본권에 범주에 든다고 할 수 있다.

현재 공포된 군인복무기본법 제 42조부터 제 45조까지는 인권에 관한 법령이 포함되어 있다. 그중 부당한 인권에 대한 보고와, 신고의무, 신고자에 대한 비밀보장과 보호 등의 항목이 관련된 내용이다.

나. 지휘관의 지휘권과 인권과 기본권의 충돌

군인에게도 당연히 인권은 적용되어야 한다. 그러나, 인권과 기본권은 정당한 지휘관의 지휘권에는 효력이 없다. 즉, 명확한 규정에 의해서 공정한 부대 지휘와 명령, 지시를 한다면, 그에 항명과 불복종하여 이길 수 있는 병사는 없을 것이다.

〈출처 : 국방홍보원〉

즉, 부대를 지휘함에 있어서 감정에 치우지지 말고, 보다 냉철하고 공명정대한 지휘를 해야 한다는 점을 유념해야 할 것이다.

> **입대 전 알아두기** **병사들에 대한 호칭**
>
> 병사 = 용사 = 전투원 (분대원, 소대원, 중대원 등 사용)

8-3. 군인복무기본법과 군 인권의 적용

군인복무기본법 중 군 인권에 관한 사항은 앞서 설명한 바와 같이, 제 6장 군인의 권리구제의 조항 중, 제 42조부터 제 45조까지의 내용이며, 부당한 인권에 대한 보고와, 신고의무, 신고자에 대한 비밀보장과 보호 등의 항목이 관련된 내용이다. 그렇다면, 지금부터는 군인복무기본법에서 군 인권과 관련된 세부조항을 살펴보자.

군인복무기본법

제42조(군인권보호관)

① 군인의 기본권 보장 및 기본권 침해에 대한 권리구제를 위하여, 군인권 보호관을 두도록 한다.

② 제1항에 따른 군인권보호관의 조직과 업무 및 운영 등에 관하여는 따로 법률로 정한다.

➡ **해석 : 군인권보호관을 두어야 한다는 측면 정도만 인식하면 됨**

제43조(신고의무 등)

① 군인은 병영생활에서 다른 군인이 구타, 폭언, 가혹행위 및 집단따돌림 등 사적 제재를 하거나, 성추행 및 성폭력 행위를 한 사실을 알게 된 경우에는 즉시 상관에게 보고하거나 제42조제1항에 따른 군인권보호관 또는 군 수사기관 등에 신고하여야 한다.

② 군인은 제1항과 관련된 사항에 대하여 별도로 「국가인권위원회법」, 「부패방지 및 국민권익위원회의 설치와 운영에 관한 법률」 또는 그 밖에 다른 법령에서 정하는 방법에 따라 국가인권위원회 등에 진정을 할 수 있다.

➡ **해석 : 다른 군인이 구타, 폭언, 가혹행위 및 집단 따돌림, 성추행 및 성폭력 행위에 대한 신고를 하도록 명시함 만약, 이것을 인지한 병사가 방관 · 방조 · 은닉 시, 법에 명시된 사항이므로 처벌받을 수 있음.**

군인복무기본법

제44조(신고자에 대한 비밀보장)

누구든지 제43조에 따른 보고, 신고 또는 진정 등 (이하 "신고등"이라 한다)을 한 사람(이하 "신고자"라 한다)이라는 사정을 알면서 그의 인적사항이나 그가 신고자임을 미루어 알 수 있는 사실을 다른 사람에게 알려주거나 공개 또는 보도하여서는 아니 된다. 다만, 신고자가 동의한 때에는 그러하지 아니하다.

➡ **해석 : 신고자 본인이 요청하기 전에 신고자에 대한 신상을 공개하지 말라는 의미이며, 제 52조 벌칙 항에 보면 강하게 다루고 있음.**

제52조(벌칙)

① 제44조를 위반하여 신고자의 인적사항이나 신고자임을 미루어 알 수 있는 사실을 다른 사람에게 알려주거나 공개 또는 보도한 자는 3년 이하의 징역 또는 3천만원 이하의 벌금에 처한다.

제45조(신고자 보호)

① 누구든지 신고 등을 이유로 신고자에게 징계조치 등 어떠한 신분상 불이익이나 근무조건상의 차별대우(이하 "불이익조치"라 한다)를 하여서는 아니 된다.

② 국방부장관은 신고자와 신고등의 내용에 대한 비밀을 보장하고 신고자가 신고 등을 이유로 불이익조치를 받지 않도록 하여야 한다.

③ 국방부장관은 신고자가 신고등을 이유로 불이익조치를 받은 경우에는 원상회복 또는 시정을 위하여 필요한 조치를 취하여야 한다.

➡ **해석 : 신고자에 대한 비밀과 불이익 조치시 원상회복 및 시정을 국방부장관이 조치를 취하도록 규정하였음. 향후 국방부 내에 관련 감사조직이 활동할 것으로 판단.**

주제토의

1. 군인복무기본법은 과거 군인복무규율을 군법으로 한 단계 상향시킨 상위법이다. 군인복무기본법 중 인상깊은 주요항목을 사례를 들어 간단히 설명 하시오.
   (조별 토의 및 발표 과제)

2. 사례 #1
   최근 병사(용사)들 사이에서 군 인권이 강조되었다. 1소대에서도 극도의 개인 이기주의적 성향이 소대에 만연되어 심상치 않은 분위기가 맴돈다. 장상병은 본인의 이번주 외곽근무 횟수가 타 병사들에 비해 1회 더 많이 편성된 것에 대해서 매우 광분해 있다. 현재 1소대는 지난 달 말에 훈련이 종료되어 휴가와 외출, 외박이 갑자기 많아져서 어쩔 수 없는 상황이다. 장상병은 올해 초에도 비슷한 일로 대대장님께 마음의 편지 및 국가 인권 위원회에 신고한 적이 있다. 직업군인 설악산 하사는 이럴 경우 어떻게 조치 해야 하는가?

   위 사례를 읽고 느낀 소감에 대하여 조별 토의 및 발표 하시오.

제 9 절 전쟁법과 전쟁윤리의 관계

9-1. 전쟁법의 개념 및 특성

전쟁법은 앞 단원에서 소개한 바와 같이, 전쟁을 실시하는 과정상에서 희생자를 보호하기 위해 제정된 제네바 협약을 말한다. 현대전의 전쟁상황에서의 군대윤리는 제네바 협약(1948. 8. 12)에 준하여 행동하며, 우리나라의 경우, 1966년에 제네바 협약에 가입하였고, 1982년 12개의 의정서에 비준하였다.

전쟁법의 개념은 전쟁 실시과정에서 희생자에 대한 보호이나, 이 전쟁을 실시하는 군인에 따라 양상이 달라질 수 있다. 즉, 전쟁을 지휘하는 지휘관과, 명령을 따르는 부하의 전투 수행과정상의 특징이 매우 중요하므로, 관련된 부분의 책임관계를 알아보도록 하자.

가. 부하의 위법행위의 대한 지휘관의 책임

국제법상 책임은 제네바 의정서와 로마규정상에 형사책임이 인정되어 있다. 크게 두 가지의 책임을 묻는다. 첫 번째는, 전쟁법 위반행위를 알았거나 알 수 있었음에도 중단조치를 취하지 않은 경우이며, 두 번째는 전쟁법 위반행위에 대한 처벌이나 예방 조치를 취하지 않은 경우이다.

이럴 경우, 국내법상의 책임은 ICC(국제휴전감시위원회 International Control Commission) 법률 제 5조에 의해 지휘관의 형사책임에 대하여 형사책임을 물으며, 전쟁법 위반사항은 확인과 동시에 즉시 철저히 조사된다.(전쟁법 준수 보장규정 제4조 제3항)

나. 상관의 명령에 대한 부하의 책임

상관의 잘못된 명령을 따르거나, 방조한 부하에게도 책임을 묻는다. 국제법상의 책임은 로마규정 제33조 제1항 명령에 따라 법적의무가 있으며, 지휘관의 명령이 불법임을 알지 못하였을 때와, 명백히 불법적이지 않을 경우를 제외하고는 모두 형사책임 인정한다.

사실상 도덕적 선택이 가능하였을 경우에, 단순히 상관의 명령에 따라 행동하였다는 사실은, 국제법상 그 책임이 면책될 수 없다. 국내법상의 책임을 살펴보면, ICC(국제휴전감시위원회 International Control Commission) 법률 제 4조에 근거하여, 역시 부하의 과실면책이 불가능하다.

즉, 상관이 내린 명령이 전쟁법상의 범법행위 임을 알고서도, 이를 행한 부하의 행동은 과실 면책이 불가능하다는 것이다.

그렇다면, 전쟁을 수행하는 지휘관과 부하의 관계는 어떠한 관계여야 하는가?

기본적으로, 그 전쟁을 지휘하는 지휘관은 전쟁법에 어긋난 잘못된 명령을 내리지 않도록 스스로가 올바르고 냉철한 판단을 해야 한다. 부하는 지휘관도 오판을 할 수 있다는 인간적인 면에서의 실수를 할 수도 있다는 생각을 할 필요가 있다.

〈출처 : 국방홍보원〉

부하의 역할은, 강한 충성심을 바탕으로 부여된 임무를 수행하되, 부정한 사항에 대한 무조건적, 맹목적 복종은 탈피하고, 참모로서 현실적 조언도 필요하다.

9-2. 전쟁법의 주요항목

현대전은 과학화된 전쟁이지만, 반면에 비정규전을 이용한 민심에 대한 확보도 매우 중요한 요소로 자리잡고 있다.

즉, 강한 점령군의 인상보다는, 당사국의 국민적 지지가 절대적으로 필요하다. 반대로, 적대국 국민들로부터 결사적 항전의 의지를 불러일으킬 만큼의, 전투 외의 부도덕한 행위는 절대하지 말아야 한다.

전쟁법의 주요항목은 아래의 총 7가지이다.

첫째, 전투능력 상실자와 적대행위에 직접 가담하지 아니한 자는 그들의 생명과 육체적, 정신적, 보전에 대해서 존중받을 권리가 있다.

둘째, 투항하거나 전투능력을 상실한 적군을 살상하는 것은 금지되어야 한다.

셋째, 부상자와 환자는 적대행위에 있었던 충돌 당사자에 의해서 수용되고 진료되어야 한다.

넷째, 포로가 된 전투원과 적대국의 지배하에 있는 민간인들은 그들의 생명, 존엄성, 인권 및 신념에 대하여 존중 받을 권리가 있다.

다섯째, 모든 사람은 기본적인 사법상의 보장을 받을 권리가 있다.

여섯째, 충돌 당사자와 그 군대의 구성원은 전쟁의 방법 및 수단을 무제한적으로 선택할 수 없다.

일곱째, 충돌 당사자는 어떠한 경우에도 민간인과 그들의 자산을 보호하기 위해 민간인과 전투원을 구별하여야 한다.

제네바 협약 7대 원칙

1. 전투능력 상실자와 적대행위에 직접 가담하지 아니하는 자는 그들의 생명과 육체적, 정신적 보존에 대하여 존중받을 권리가 있다. 그들은 모든 상황에서 차별없이 보호되고 인도적으로 대우받아야 한다.
2. 투항하거나 또는 전투능력을 상실한 적군을 살상하는 것은 금지되어야 한다.
3. 부상자와 환자는 적대행위에 있었던 충돌당사자에 의하여 수용되고 진료되어야 한다. 의료요원, 시설, 수송기관 및 자재도 보호대상이 된다.
4. 포로가 된 전투원과 적대국의 지배하에 있는 민간인들은 그들의 생명, 존엄성, 인권, 및 신념에 대하여 존중받을 권리가 있다.
5. 모든 사람은 기본적인 사법상에 보장을 받을 권리가 있다. 누구나, 육체적, 정신적 고문과 체벌, 또는 품위를 손상하는 잔혹한 대우를 받아서는 안된다.
6. 충돌당사자와 그 군대의 구성원은 전쟁의 방법 및 수단을 무제한적으로 선택할 수는 없다. 불필요한 손실, 또는 과도한 고통을 유발하는 성질을 지닌 무기나 전쟁방법의 사용을 금지한다.
7. 충돌 당사자는 어떠한 경우에도 민간인과 그들의 재산을 보호하기 위한 민간 주민과 전투원을 구별하여야 한다. 민간이이나 개인이 공격 목표가 되어서는 안된다. 공격의 대상은 오직 군사적 목표물에 국한되어야 한다.

참 고

- GOP 교전수칙
  - 적 소화기 사격시, 즉각 보고후 대응사격
  - 적 월경 시, 경고 3회 2회 위협사격
    → 귀순자로 판단 시, 즉각 병력으로 엄호 및 인도
  - 적 공용화기 사격 시, 상급부대 보고
  - 적 활동 감시체계 이용 상시 관측

  * 화력도발 시, 1단계 상위 무기로 3배이상 원점사격
  예) 소총 1발 =〉 기관총 3발

9-3. 전쟁윤리의 개념 및 실천

가. 전쟁윤리의 개념

전쟁의 도덕은 정당한 전쟁과 부당한 전쟁을 구분하는 도덕적 기준을 문제 삼는다. 정당한 전쟁과 부당한 전쟁을 구분하는 기준은 아래와 같다.

첫째, 정당한 명분 (Just Cause)이다. 전쟁을 하는 이유가 타당해야 한다. 침해된 주권의 회복과 같은 대의명분이 있어야 전쟁 개입의 정당성이 있다고 본다.

둘째, 합법적 권위의 원칙(Competent Authority)이다. 전쟁선포가 이루어져야 하고, 정규군에 의해 전쟁이 수행되어야한다.

셋째, 비례적 정의의 원칙(Comparative Justice)이다. 무력사용의 결과가 악보다는 선이, 불의보다는 정의가 더 많이 발생되어야 한다.

넷째, 정당한 의도 (Right Intention)이다. 전쟁종식과 평화유지가 진정한 의도인지 상대방의 종족말살이 목적인지를 분명히 해야 한다.

다섯째, 최후의 수단(Last Resource)이다. 정치적, 외교적 노력 등 문제해결의 방안을 모색했으나, 전혀 다른 대안이 없을 경우에 한하여 최후의 수단으로 전쟁에 호소하는 것이 정당화 된다.

여섯째, 전쟁의 성공가능성(Probability of Success)이다. 전쟁의 성공 가능성을 합리적으로 계산해야 한다.

마지막으로 균형성(Proportionality)이다. 전쟁에서 얻을 수 있는 경제적 이해득실과 효율성 여부에 의해 전쟁 개입여부를 다시 검토해야 한다.

나. 전쟁윤리의 실천

(1) 전쟁법 준수의 필요성

인간에게 불필요한 고통을 가하는 것을 억제하고, 전쟁행위가 야만적으로 타락하는 것을 방지하며, 기본적 인권수호로 전쟁의 불필요하고, 비참한 부작용을 최소화하는데 전쟁법 준수의 필요성이 있다.

(2) 전쟁법 준수와 전쟁 승리와의 관계

전쟁법의 준수시, 전쟁의 정당성 확보로 정신전력 강화에 기여가 가능하다. 또, 적군의 투항이나 내부와해를 기대할 수 있으며, 도덕적 정당성 확보로 국제사회와 국제기구의 외교적 지지도 획득할 수 있다. 전쟁법 미준수 시 국내외 여론 악화로 전쟁의 정당성에 관한 문제가 야기될 수 있으며, 전쟁 상대방 교전국 국민들의 적대감을 높힐 수 있다. 결국에는 아군의 사기마저 저하시킬 가능성이 높다.

(3) 전쟁법을 준수하여야 할 구체적인 이유

첫째는 한 국가는 다른 국가가 전쟁법을 준수할 것을 원하기 때문에 자신도 준수해야 하는 상호주의성 이유이다. 두 번째는 여론의 지지도이다. 전쟁법 위반은 전쟁에 대한 여론의 지지를 잃게 된다. 세 번째는 적 투항자의 감소와 결사적 저항이다. 포로가 될 경우 적이 자신을 학대하리라 믿을 때 보다 결사적 저항을 하게 된다. 기타, 전쟁의 부정적 인식으로 아군의 전투의지 저해 및 군기이완에 문제가 발생한다. 잔인한 전쟁 이후에는 평화회복하는 데에 더욱 오랜 시간이 걸린다는 연구결과가 있으며, 최악의 경우, 평화정착 자체가 불가능하기도 하다.

대한민국 국군도 세계 평화군으로써 전쟁법을 준수하고, 한국군대가 있는 곳이 우리나라라는 생각으로 모범적이고 의무를 다 해야 한다.

주제토의

1. 사례 #1

영국 일간 메트로는 독일 연방 검찰이 나치에 협력한 죄로 징역형을 선고 받은 나치 친위대원(SS) 오스카 그뢰닝(Oskar Groening, 96세)의 선처 요청을 기각했다고 보도했다. 그뢰닝은 지난 2015년 7월 재판에서 나치에 협력한 죄로 4년의 징역형을 선고받았으나, 그의 변호사 측은 고령인 점을 고려해 지금까지 수감을 미뤄왔다. 그런데 이번 판결에서 독일 연방 검찰은 "그뢰닝의 건강 상태를 확인 결과 충분히 수감 생활이 가능하다"며 그의 요청을 기각했다. 그뢰닝은 지난 1942~1944년 세계 2차대전 당시 수용소로 끌려온 유대인들의 돈을 갈취해 베를린 나치 본부로 보내는 일을 맡았다. 학살에 직접 가담하지 않았어도, 학살을 도왔다면 '전범'으로 처리하겠다는 독일 검찰의 강력한 의지를 보여준 사례가 됐다. 독일 연방 검찰은 "지난 1944년 5월~6월 아우슈비츠로 보내진 헝가리 유대인 30만 명 이상이 가스실에서 처형됐다"며 "그뢰닝도 이 학살에 책임이 있다"고 반박했다.

위 사례를 읽고 느낀 소감에 대하여 조별 토의 및 발표 하시오.

〈 출처 : 인사이트 뉴스 Gettyimageskorea 〉

주제토의

2. 직업군인으로서 전쟁에 참전 시, 제네바 협약과 전쟁법을 준수하는 것이 왜 중요한지에 대해서 조별 토의 및 발표 하시오.

주제토의

3. 세계 분쟁지역에 평화유지군으로 파병되어있는 한국군의 위상과 업적에 대하여 조별 토의 및 발표 하시오.

〈 출처 : 국방홍보원 〉

제 4 장 올바른 직업군인상 확립

제 10 절 역사 속 위인들의 올바른 직업군인상

10-1. 임전무퇴, 필사즉생 필생즉사의 자세
10-2. 위국헌신 군인본분의 자세

제 11 절 직업군인의 국가관 및 안보관

11-1. 직업군인의 국가관
11-2. 직업군인의 안보관
11-3. 나의 국가관 및 안보관 설정

제 12 절 직업군인의 가치관 및 인생관

12-1. 직업군인의 가치관
12-2. 직업군인의 인생관
12-3. 나의 가치관 및 인생관 설정

제 13 절 직업군인 군인기본자세, 상황별 군대예절

13-1. 직업군인의 군인기본자세
13-2. 직업군인의 상황별 군대예절

제 4 장 올바른 직업군인상 확립

제 10 절 역사 속 위인들의 올바른 직업군인상

10-1. 임전무퇴, 필사즉생 필생즉사의 자세

〈충무공 이순신 초상, 출처:네이버지식백과〉

충무공 이순신 장군은 임진왜란이 일어나자 24시간 융복(군복)을 입고 살았고, 모친의 부음(訃音)을 들었을 때도 억장이 무너져 내리는 슬픔을 가눌 수 없었지만, 왜군의 동태가 심상치 않다는 전황을 듣고 모친의 장례에도 참석치 못한 채 전장으로 향했다. 또한 전장에서 부인이 위급하다는 전갈을 받고서도 『나라가 이 지경에 이르렀는데도 다른 일을 생각할 겨를이 없다』 고 난중일기에 적어 선공후사(先公後私)의 전형을 보여주었다. 원균의 모함으로 삼도수군통제사의 직위를 상실했음에도 불구하고 권율장군의 휘하에서 백의종군하며 국가에 헌신하였다.

그 후 충무공 이순신 장군은 삼도수군통제사로 다시 복직되어 명량해전을 승리로 이끌었고, 마지막 전장인 노량해전을 앞두고 『원수를 무찌른다면 이제 죽어도 여한이 없겠습니다!』 라고 무릎 꿇고 하늘에 맹세하기도 하였다.

마침내 노량해전이 시작되어 화실이 비 오듯 쏟아지는 가운데 적의 총탄 하나가 그의 가슴을 파고들었다. 그러나 충무공은 이에 아랑곳 하지 않고, "지금 싸움이 한창이니 내가 죽었다는 말을 하지 말라" 고 부하들에게 명한 뒤 장렬한 최후를 맞이하였다.

이순신 장군의 유명한 명언 중에 하나, 임전무퇴(臨戰無退)와, 필사즉생 필생즉사(必死則生 必生則死)이다. 임전무퇴는 조선의 수군 장수로서 열세한 조건이었지만, 물러서지 않고 명량해전을 치뤘던 용맹스러운 기상이며, 필사즉생 필생즉사는 죽을 각오로 전투에 임한다는 강한 신념을 나타낸 말로, 후세에까지 전해져 빛나는 명언이 되었다.

〈영화 '명량', 출처 : 에너지경제 뉴스〉

참 고 이순신 장군의 명언

- **집안이 나쁘다고 탓하지 말라.**
  나는 몰락한 역적의 가문에서 태어나, 가난 때문에 외갓집에서 자라났다.
- **머리가 나쁘다고 말하지 말라.**
  나는 첫 무관시험에서 낙방하고, 서를 둘의 늦은 나이에 겨우 과거에 합격했다.
- **좋은 직위가 아니라고 불평하지 말라.**
  나는 14년 동안 변방 오지의 말단 수비장교로 돌았다.
- **윗사람의 지시라 어쩔 수 없다고 말하지 말라.**
  나는 불의한 직속상관들의 불화로, 몇 차례 파면과 불이익을 받았다.
- **몸이 약하다고 고민하지 말라.**
  나는 평생동안 고질적인 위장병과 전염병으로 고통받았다.
- **기회가 주어지지 않는다고 실망하지 말라.**
  나는 적군의 침입으로 나라가 위태로워진 후, 마흔 일곱에 제독이 되었다.
- **조직의 지원이 없다고 실망하지 말라.**
  나는 스스로 논밭을 갈아 군자금을 만들었고, 스물세번 싸워 스물세번 이겼다.
- **윗 사람이 알아주지 않는다고 불만 갖지 말라.**
  나는 끊임없는 임금의 오해와 의심으로 모든 공을 뺏긴 채 옥살이를 해야했다.
- **자본이 없다고 절망하지 말라.**
  나는 빈손으로 돌아온 전쟁터에서 열두척의 낡은 배로 330척의 적을 막았다.
- **옳지 못한 방법으로 가족을 사랑한다고 말하지 말라.**
  나는 스무살의 아들을 적의 칼날에 잃었고, 또 아들들과 함께 전쟁터에 나섰다.

참 고 위국헌신(爲國獻身)의 리더 충무공 이순신

• (위국헌신 참군인)

22년의 관직생활동안 33번의 전투에서 승리하여 임진왜란의 화를 종식시킨 군신(軍神)이었으나 뜻하지 않은 모함으로 3번이나 파직을 당하고 2번 백의종군하는 수모를 겪었다. 백의종군 기간에는 어머니의 부음소식을 들었고, 정유재란 때는 가장 아끼던 아들 면(葂)을 잃었다. 이러한 개인적인 어려움에도 불구하고 장군은 오직 위국헌신의 일념으로 군인으로서 사명을 다하였다.

• (고결한 인품)

인사청탁, 뇌물요구 등 상급자의 요구가 부당하면 자신에게 불이익이 있더라도 이를 단호히 거부하였다. 또한 무과에 합격한 후 얼마 있지 않아 병조판서 김귀영이 자신의 서녀를 첩으로 주고자 했으나 "벼슬길에 갓 나온 내가 어찌 권세있는 집에 발을 들여 놓을 수 있을까 보냐." 라고 하면서 과감히 뿌리쳤다.

• (부하사랑)

사랑과 관심으로 부하를 대했다. 한산도에서 특별 무과시험을 볼 수 있도록 장계를 올려 100명에게 시험을 볼 수 있는 기회를 주었고 무고하게 진급이 늦거나 파직된 부하들을 위해서도 장계를 올려 승진시키거나 파직을 면하게 했다. 이런 장군의 인품과 사랑이 있었기에 권준, 이순신(동명이인), 어영담, 배홍립, 정운 등과 같은 부하 장수들은 장군을 위해 기꺼이 목숨을 아끼지 않았다.

• (효율적인 조직관리)

삼도수군통제사에 임명됐을 때 조정의 지원을 거의 받지 못해 병력의 의식주를 해결하기 어려웠다. 장군은 함경도 녹둔도에서 둔전관을 겸직했던 경험을 살려 전쟁으로 떠도는 민초들에게 토지를 제공하여 수확의 반은 민초에게 주고 나머지는 군대가 거두도록 했다. 이런 민군합동의 둔전책으로 군수지원 및 민생고를 함께 해결할 수 있었다. 또한 천민 중에서도 자발적으로 전투에 참여한 인원에게 전리품을 지급했고 도망병이나 근거 없는 유언비어를 유포하는 인원들은 공개적으로 참수하여 군 기강을 확립하고 사기를 고양시켰다.

참 고 위국헌신(爲國獻身)의 리더 충무공 이순신

• (최악의 상황에서 발휘한 최고의 리더십)

장군이 두 번째 백의종군을 마치고 다시 삼도수군통제사로 임명되었을 때 가용한 전력은 12척의 함선뿐이었다. 이런 사실을 안 조정에서는 수군을 폐지하고 육지에서 싸울 것을 권했지만 "신에게는 아직 열두 척의 배가 있습니다. 죽을힘을 다해 싸우면 오히려 이길 수 있습니다." 라고 하며 끝까지 포기하지 않는 의지와 자신감을 보였다. 명량해전(1597)에서는 "죽고자 하면 살고, 살고자 하면 죽는다."라고 훈시하며 부하들의 전투의지를 독려하였고, 전투시에는 장군선에서 진두지휘하여 일본군 133척을 격퇴시켰다. "대장부로 태어나서 나라에서 써준다면 죽음으로써 충성을 다할 것이요, 써주지 않는다면 밭을 갈아도 족하니라."

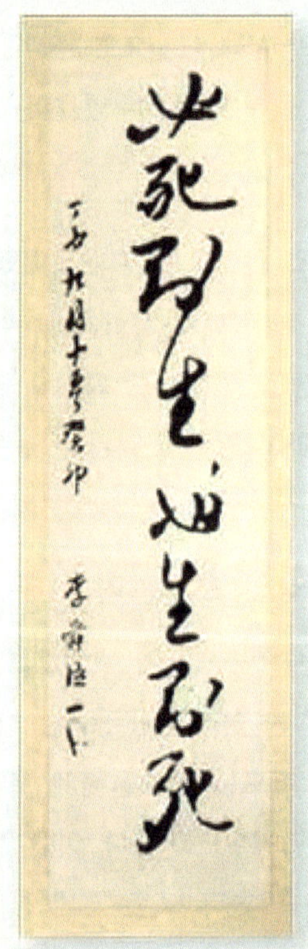

〈 출처 : 네이버 지식백과, '필사직생 필생직사' 명량해전에서 이순신 장군이 남기긴 말 〉

10-2. 위국헌신 군인본분의 자세

〈대한독립군 중장
안중근 장군,
출처:네이버지식백과〉

대한민국의 역사 속에서, 독립운동과 연관되어 가장 많이 등장하는 위인은 바로 안중근(1879 ~ 1910) 장군일 것이다. 안중근 장군은 독립운동 의사(義士)로 불렸지만, 실제로 그의 신분은 군인이었다. 그는 대한독립군 참모중장으로, 생전에 남기신 유묵(遺墨 : 살아있을 때 남긴 글이나 그림) 중에서 유명한 말이 많지만, 그 중 하나가 바로『위국헌신 군인본분(爲國獻身 軍人本分)』이다. 그 뜻은『나라를 위해서 몸을 바치는 것은 군인의 본분이다』라는 뜻이다.

안중근 장군은 1905년 을사조약이 체결에 저항하여 독립운동을 하였다. 1909년 10월 26일, 이토 히로부미가 러시아 제국의 재무장관 코코프 체프와 회담하기 위해 하얼빈에 오게 되었는데 바로 이때, 안중근 장군이 하얼빈 기차역에서 내리는 이토 히로부미를 반자동권총으로 저격하였다. 권총탄 세발이 이토 히로부미를 관통했고, 저격 이후 안중근 장군은 대한민국 만세라고 외쳤다. 체포된 안중근 장군은 뤼순 감옥에 갇혀 1910년 2월 14일 사형 선고를 받고, 같은 해 3월 26일 처형되었다.

안중근 장군은 체포되어 처형되기까지 재판과정에서 재판소내의 어떤 기세에도 굴하지 않고, 군인인 자신의 신분과, 이토 히로부미를 죽인 이유를 당당히 밝혔다. 감옥에서 그의 곧은 절개(節槪)는 고위 간수(看守)까지 감화될 정도였다고 한다. 오늘날, 중국 하얼빈역에는 안중근 장군 기념관이 세워져 있다.

〈중국 하얼빈역 안중근 기념관, 출처 : JTBC 뉴스〉

군인은 국가에 헌신하는 것을 명예로 여긴다. 안중근 의사의 『위국헌신 군인본분(爲國獻身 軍人本分)』이라는 말에는 엄숙한 사명감이 담겨있다고 하겠다. 국가를 위한 헌신(獻身)은 자신의 목숨을 국가에 바친다는 말로, 최고의 자기희생을 표현하는 것이다.

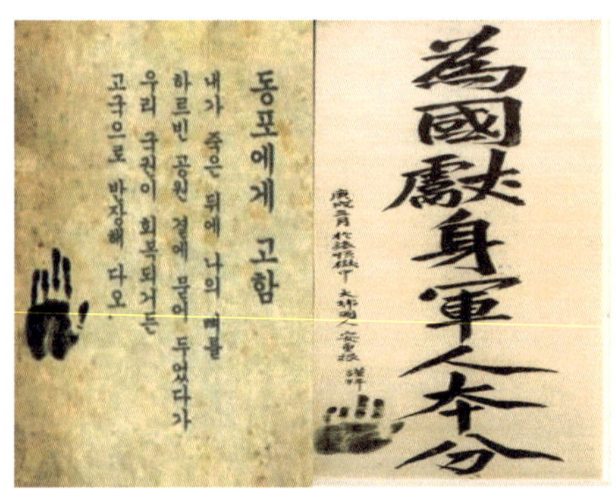
동포에게 고함
내가 죽은 뒤에 나의 뼈를 하르빈 공원 곁에 묻어 두었다가 우리 국권이 회복되거든 고국으로 반장해 다오.

爲國獻身軍人本分

〈대한독립군 중장 안중근 장군의 유묵(遺墨), 출처 : 지식백과〉

위국헌신의 사명감으로 우리 군(軍)이 책임져야 할 것은, 국가의 기본가치(헌법의 가치)와 권리이며, 그 안에 귀속되는 국민의 모든 것이 해당한다.

군은 무력을 관리하고 사용하는 고유의 전문성을 『국가를 위한다(爲國)』는 말 안에 내포되는 보편적 가치에 헌신해야 한다. 군인은 죽음을 두려워하지 않아야 한다. 그러나, 그 죽음에는 명예가 따라와야 한다. 군(軍)의 리더들은 자신들의 죽음 뿐 아니라, 자신의 부하의 죽음까지도 명예롭게 할 책무가 있다.

참 고 **안중근 장군 어머님의 편지**

〈 안중근 장군 어머님 사진, 출처 : 네이버 지식백과 〉

네가 만약,
늙은 어미보다 먼저 죽은 것을 불효라 생각한다면
이 어미는 웃음거리가 될 것이다.

너의 죽음은 너 한사람 것이 아니라,
조선인 전체의 공분을 짊어지고 있는 것이다.

네가 항소를 한다면
그것은 일제(일본)에 목숨을 구걸하는 것이다.
네가 나라를 위해 이에 이른 즉
딴맘 먹지 말고 죽으라.

주제토의

1. 사례 #1

2010년 11월 26일 아침 일간 신문들에는 연평도 적 포격 도발시 해병대 병사 한 명이 벌건 불길과 시커먼 연기에 휩싸인 K-9 자주포에 올라타 반격 준비를 하고 있는 사진이 실렸다. 자주포 바로 오른쪽 옆 두 줄기 화염은 보기만 해도 살이 익을 듯했고 자욱한 연기는 매캐한 냄새를 풍기며 목구멍을 막아버릴 듯 했다. 이 군인은 사방으로 튀는 파편과 고막을 찢는 포성 속에서 자주포에 올라 포탄이 날아오는 쪽을 주시하며 대응 태세를 취하고 있었다. 이것이 군인의 본 모습이다. 다른 말이 필요 없다. 군인은 이래야 하는 것이다. 이런 군인 한 사람 한 사람이 모여 나라를 지키고 국민의 목숨을 지킨다. 이 한 장의 사진보다 군인의 사명에 육박(肉薄)한 설명은 없다. 해병대 연평부대 임준영(21세) 상병은 방탄모 외피가 불에 타는 줄도 모르고 자주포로 대응사격을 했다. 그는 정신없이 사격을 하는 사이 방탄모 외피에 붙은 불이 방탄모 턱 끈을 타고 내려오는 것도 느끼지 못했다. 응사(應射)가 끝났을 때는 방탄모 턱 끈과 전투복 목 부위가 까맣게 그을려졌고, 방탄모 외피는 불에 타 군데군데 구멍이 나 있었다. 입술 위에 있는 인중 부위가 불에 데어 있었다.

위 사례를 읽고 느낀 소감과 직업군인으로서의 행동에 대해 조별 토의 및 발표 하시오.

〈 연평도 K-9자주포와, 임준영 상병, 출처 : 네이버 뉴스〉

주제토의

2. 사례 #2

1949년 개성 정면의 38도선 경계임무를 맡고 있던 1사단 11연대는 진지공사를 하고 있었다. 북한군이 소규모로 불법 침입하여 진지공사를 자주 방해하였고, 급기야 5월 3일 북한군 1사단 3연대가 대대적인 기습을 감행해왔다. 아군은 적보다 상대적인 병력의 열세로 인하여 송악산의 292고지를 비롯하여 155고지, 유엔고지, 비둘기고지를 빼앗기고 말았다. 아군은 빼앗긴 고지 탈환을 위해 수차례 공격을 하였으나, 고지 7~8부 능선엄체호에서 맹렬히 사격하는 적의 기관총 때문에 더 이상 진출하지 못하고 실패하고 말았다. 아군은 10개의 적 기관총 진지를 파괴하기 위하여 특공대를 편성하였다. 11연대 하사관(부사관) 교육대 소속 서부덕 이등상사를 비롯한 육탄 10용사가 특공대를 지원하였다. 박창근 하사는 5월 4일 12시 정오에 수류탄을 가지고 단독으로 적 엄체호를 파괴하고 전사하였으며, 9명의 용사는 그날 오후 박격포탄과 폭약을 휴대하고 비둘기고지와 유엔고지를 향해 포복으로 전진해 나아갔다.

후방에서는 57밀리 대전차포를 총동원, 그들을 엄호해 주었다. 이들은 적의 집중되는 포화를 뚫고 각자가 맡은 적 엄체호 10여미터 전방까지 접근하여 박격포탄과 폭약을 몸에 안고 적 엄체호에 뛰어들어 적 기관총 진지를 파괴하고 장렬히 산화하였다.

위 사례를 읽고 느낀 소감과 전쟁 중 군인의 인권에 대하여, 조별 토의 및 발표 하시오.

주제토의

3. 충무공 이순신 장군과 대한독립군 안중근 참모중장의 예를 바탕으로, 본인이 직업군인으로서 실천할 수 있는 '위국헌신 군인본분(爲國獻身 軍人本分)' 의 구체적 방법에 대하여 예를 들어 발표 하시오.
(조별 토의 및 발표 과제)

제 11 절 직업군인의 국가관 및 안보관

11-1. 직업군인의 국가관

국가의 생존은 협상과 타협의 여지 거의 없는 모든 국가의 사활적 이익이며 이를 위해 전문화된 직업군인제도가 출현 및 발전하였다. 예컨대, 국가는 군이 존재하는 전제조건이자 국가의 생존은 군대 임무수행의 최종적 목표이다. 따라서 직업군인에게 진충보국의 국가관은 매우 중요한 핵심가치이다.

가. 국가의 의미

국가(國家)는 일정한 영토를 차지하고 조직된 형태, 즉 정보를 지니고 있으며 대내 및 대외적 자주권을 행사하는 정치적 실체이며, 그 구성요소는 국제법의 통설로 통하는 국가의 3요소 국민, 영토, 주권이다.

〈출처 : 국방홍보원〉

국가의 기능은 '개인의 자유와 안정을 보장' 하고 국민의 삶의 질을 향상시키는 것이며, 이러한 국가의 기능이 실현될 수 있도록 국가는 다음의 4가지 역할을 수행한다.

첫째, 모든 국가는 스스로의 생존을 추구하며 외부위협에 대비한 자구책을 강구한다.

둘째, 모든 국가는 타국에 종속되거나 자국의 이익을 보장하기 위해 자주성을 추구한다.

셋째, 모든 국가는 물리적 공권력을 독점한 가운데 국가적 통합과 국민적 결속을 추구한다.

넷째, 모든 국가는 군사적 건설 및 유지와 법질서 유지를 위해 경제적 번영을 추구한다.

〈출처 : 국방홍보원〉

국가는 인긴의 사회적 본성의 결과물이다. 인간은 지구상의 모든 동물들 중에서 가장 사회성이 강한 존재이며, 개체로서 안고 있는 생존의 취약성을 공동생활을 통해 해결해 왔다. 인간의 행복추구 본능은 더욱더 공동생활의 중요성을 부각시켰다.

그리고 인류가 역사적 경험 속에서 질 높은 생존을 위해 내린 결론이 바로 국가이다. 다시 말해서 국가 없이는 인간의 행복추구 자체가 불가능하다는 것이다.

또한, 우리는 국가가 인류의 가장 최근의 발명품이라는 사실에 주목해야 한다. 인류가 사냥꾼으로서의 삶을 마감하고 국민의 이름으로 살기 시작한 기간은 대략 1만년 정도다. 그러나 우리가 알고 있고 군이 주요한 수호의 대상으로 삼고 있는 현대의 주권국가가 탄생한 것은 400년도 채 되지 않았다.

현대 사회에 이르러 국가주권의 절대성과 국가이익의 추구라는 배타성에 대해 많은 의문이 제기되고 있는 것이 사실이지만 아직 국가 자체를 대체할 수 있는 단계에 이르지 못했다는 것이다.

나. 국가와 직업군인

국가의 사활적 이익인 생존을 추구해온 군대는 고려시대부터 국가 형태 및 사회조직의 분화에 따라 다양한 형태로 발전 및 운영되어 왔다.

따라서 국가는 군이 존재하는 전제조건이면서 동시에 군 임무수행의 최종 목표가 된다. 직업군인이 목숨을 바치면서까지 국가를 수호하는 행위의 정당성은 국가의 존속을 통해 소속된 국민의 행복을 보장하는 원천이라는 점에서 확보된다.

또한 직업군인은 국가로부터 보호받는 것보다 오히려 국가를 보호하고 지켜야 하는 존재다. 따라서 군은 국민들을 보호할 뿐만 아니라 국가를 존재하게 하는 요소 중의 하나인 주권을 지킴으로써 국가 자체를 보호한다.

다. 직업군인과 국가관

국가관이란 국가가 존재하는 목적·의의·가치 등에 대하여, 개개인이 갖고있는 견해나 주장을 말하며, 국가를 바라보는 관점을 의미하기도 한다.

따라서 국가를 보편적 의지를 지니고 있고, 공공복리에 이바지하며 도덕을 추구하는 공동체임을 전제할 때 개인의 삶은 국가의 테두리 안에서 이루어질 때 가장 안전하며 의미 있다고 볼 수 있다.

〈출처 : 국방홍보원〉

오늘날 국가 없는 개인의 삶을 생각하기는 매우 어렵다. 국가는 인간생활의 대부분과 연결되어 있으며, 대부분의 사람은 국가가 설정한 범위 내에서 자신들의 삶을 영위하고 있다. 이처럼 인간이 한 국가의 국민으로 살아가는 과정에서 그 자신이 속해 있는 국가에 대한 일정한 인식을 갖게 되었는데, 이러한 인식을 '국가관(國家觀)'이라고 할 수 있다. 그럼에도 불구하고 현대사회에 있어 국가를 바라보는 시각은 매우 다양하다. 그 이유는 무엇일까?

첫째, 국가라는 단어는 실제로 역사적 발전과정과 문화가 다른 수많은 형태의 국가들을 통칭하는 용어이기 때문이다. 왕조국가, 도시국가, 독재국가, 공산주의 국가, 민주주의 국가 등이 모두 국가의 범주에 포함되어 있어 다양한 형태의 국가들을 하나의 관점으로 정리한다는 것은 사실상 불가능하다.

둘째, 결국 국가관이란 한 개인이 국가를 어떻게 인식하는가 하는 문제로 귀결되며, 각 개인의 사회적 위치와 경험에 따라 다양한 국가관을 가질 수 있기 때문이다. 각 개인들은 국가에 대한 인식을 바탕으로 국가와 자신의 관계를 설정하게 되며, 그 관계 설정을 어떻게 하느냐에 따라 그의 국가에 대한 태도와 행위가 결정된다.

시대에 따라 국가를 보는 다양한 시각이 존재하고, 그 시대의 반영하기 때문에 현대를 대표하는 고정된 국가관을 제시하기는 매우 곤란하다. 왜냐하면 국가들이 처한 환경이 매우 다양하며, 사람들은 자신들의 직업이나 개인적 신념 등에 따라 나름대로 국가를 정의하고 그에 따라 행동하기 때문이다.

〈출처 : 국방홍보원〉

이처럼 다양한 국가관이 존재하는 현대사회에서 군대를 천직으로 하는 직업군인의 국가관은 어떠해야 하는가? 어떠한 국가관이 올바른 직업군인의 국가관인가?

우리가 직업군인의 국가관을 정립하기 위해서 사람들이 가지고 있는 국가관을 분석해 보면 다음 두 가지 차원의 관점에서 차이가 있음을 이해할 필요가 있다.

첫 번째 관점은 국가는 군이 존재하는 전제 조건이면서 동시에 군 임무수행의 최종적 목표가 된다는 것이다. 직업군인은 국가에 의해서만 그 존재의 의의가 생긴다.

또한 직업군인의 임무수행의 목표는 국가 그 자체이다. 다른 어떤 것도 국가를 보위한다는 군의 목표를 대체할 수 없다. 군대는 국가가 소멸하면 함께 소멸한다. 그렇기 때문에 군과 국가를 공동운명체라고 말하는 것이다.

두 번째 관점은 직업군인은 다른 직종처럼 국가로부터 보호받는 것이 아니라 오히려 국가를 보호하고 지켜야 하는 직업이라는 것이다. 오래 전 과거부터 지금까지 국가의 가장 중요한 기능은 『국민의 생명과 재산을 외부 위협으로부터 지키는 것이다』이다.

이러한 기능은 국가를 부정했던 무정부주의자들 조차도 인정하는 국가의 기본적인 기능에 해당한다. 이러한 기능을 직접적으로 수행하는 것이 바로 군대이다. 군대는 국가가 국민을 보호하는 가장 강력한 수단이며, 국가로부터 국민을 보호하기 위해 위임된 무력 수단이다.

〈출처 : 국방홍보원〉

라. 직업군인의 국가관 가치덕목

직업군인은 국가의 공복으로서 진충보국(盡忠報國)의 국가관을 가져야 하며 이를 위해 애국애족, 충성, 봉사라는 가치 덕목을 가슴에 새기고 실천해야 한다.

(1) 애국애족

애국애족은 자기의 나라와 겨레를 사랑하는 마음으로서 『조국에 대한 사랑』과 『민족에 대한 사랑』의 의미를 내포하고 있다. 이는 조국의 운명에 대한 깊은 애정을 뜻하며, 자기 민족에 대한 사랑을 의미한다. 따라서 어느 직업보다도 직업군인이 지향해야 할 최고의 덕목은 애국애족의 정신이라고 할 수 있다.

군인의 가치덕목인 충성, 봉사, 명예, 희생, 용기에는 애국애족의 정신이 밑바탕이 되고 있다. 애국애족의 정신은 군인으로서, 조국을 위해 자신을 바치는 진실한 행위를 의미한다. 조국을 위해 헌신하는 자세와 애국심은 곧 직업군인의 덕목이다.

〈출처 : 육군본부〉

(2) 충 성

충성은 국가나 특정 인간 또는 신념에 자기를 바치고 지조를 굽히지 않는 마음가짐 내지 태도이다. 오늘날 민주국가에서 공무원에게 요구되는 충성이란 공무원의 행동규범(행위규범)으로서 국가이념이나 헌법의 자유민주주의 기본질서를 수호하고, 국민 전체의 보편적 이익(공익)에 헌신하는 것을 의미한다.

충성(忠誠)의 한자의 의미는 『거짓 없는 참마음에서 우러나오는 정성스러운 태도와 자세』를 말한다. 이러한 충성은 『국가에 대한 충성, 상관에 대한 충성, 자기 자신과 직업에 대한 충성』으로 해석할 수 있다.

그 중, 국가에 대한 충성은 조국에 몸과 마음을 바치는 것을 말한다.

〈출처 : 국방홍보원〉

안중근 장군의 『위국헌신 군인본분(爲國獻身 軍人本分)』이, 군인이 국가를 위해 충성을 하는 자세이다. 상관에 대한 충성은 자신의 언행 때문에 상관의 권위와 위신이 실추되지 않도록 해야 함을 의미한다.

그리고 자기 자신과 직업에 대한 충성은 자신과 본인이 속한 군 조직에 참마음으로 정성을 다하는 것이며, 또한 본연의 임무수행을 통해 자아실현과 더불어 조직목표 달성에 기여할 수 있기 때문이다.

(3) 봉 사

봉사(奉仕)란 국가나 사회 또는 남을 위하여 자신을 돌보지 아니하고 힘을 바쳐 애쓰는 것을 의미한다. 공동체생활을 영위하는 인간은 상호 협력을 통해 살아간다. 이러한 협력관계를 형성 및 유지시켜주는 핵심 덕목이 봉사이다.

〈출처 : 국방홍보원〉

우리 모두는 지금의 개개인, 가정이 안정적인 생활을 영위할 수 있도록, 국가로부터 안전을 보장받았으며, 또 많은 혜택을 받고 살아왔다. 그 사실을 지금까지 잘 모르고 지내왔을 수도 있지만, 사실, 지금까지 우리 조상들과, 부모님, 주변인 모두, 국가에 대한 국민의 의무를 성실히 수행했다.

〈출처 : 국방홍보원〉

그중 하나가, 대한민국 국민의 4대 의무 중 하나인, 『국방의 의무』이다. 특히, 직업군인은 국가와 공동운명체이자 유사시 국민의 생명과 재산을 외부 위협으로부터 지키는 임무를 수행하는 직업의 특수성을 가지고 있다.

이를 종합해 보면 군대는 최고의 봉사집단이며, 직업군인은 명예로운 봉사자이다. 그러므로, 직업군인은 작게는 부하 및 동료를 위해 헌신하고, 크게는 부대와 국가의 번영 및 발전을 위해서 생명을 바칠 각오로 봉사를 실천해야 한다.

〈출처 : 국방홍보원〉

11-2. 직업군인의 안보관

가. 바람직한 안보관

인류는 전쟁의 역사라고 해도 과언이 아니다. 인류역사 3,418년 동안, 전쟁이 없었던 기간은 불과 286년이다. 20세기 전쟁 사망자는 1억 천만명으로 19세기보다 5배나 증가하였다. 2010년에만 84건의 무력충돌이 발생하였다. 최근에는 이슬람무장단체(IS)와 불특정 다수를 노리는 테러들이 세계 곳곳에서 일어나고 있다.

그렇다면 전쟁은 왜 일어나는가? 사소한 이유가 전쟁의 원인이 되기도 한다. 종교, 운동경기, 아내, 민족, 종족 등 다양하다. 그러나 가장 큰 근본원인은 영토와 관련된 경제문제이다.

조금 더 세부적으로 보면, 표면적 원인은 민족과 민족·종족간의 갈등, 종교분쟁 등이며, 성지에 대한 점령과 파괴 등도 대표적인 예이다. 또 한 가지의 전쟁은, 에너지 자원 때문이다.

미래는 치열한 자원의 쟁탈전이 예상된다. 미래를 다룬 다수의 영화 속에서처럼, 많은 미래예측 과학자들은 지구의 에너지 자원 고갈문제가 매우 심각할 것으로 예상하고 있다.

특히, 세계 원유 매장량은 100년 이후 고갈 될 것으로 예상하고 있다. 이때, 세계는 크게 고심하게 될 것이다.

〈자원 쟁탈전을 다룬 영화, 출처 : 매드맥스 〉

한반도의 주변 환경과 안보환경은 어떠한가?

먼저, 안보(安保)라는 것은 『안전보장(安全保障)』의 줄임말로서, 국가 안보를 담당하는 군인에게 있어서 안보관은 매우 중요한 관점이다.

한반도는 강대국에 굴러싸인 불안정한 지역으로, 중국과 러시아, 일본의 국방비는 우리나라의 2.4 ~ 5배 이상이 된다.

세계 군사력의 절반 이상이 한반도 주변에 포진되어 있고, 군사력 증강도 지속하고 있다. 2017년에는 미국의 주요 항공모함이 한반도에 3척이나 왔다갔다. 또,

남북한은 잠시 교전을 중지한 상태이나, 북한의 무모한 핵개발과 실험은 전세계를 불안하게 하고 있다.

이러한 상황에 군인은 항상 전쟁에 대비해야 한다. 전쟁은 다른 나라나 역사 속의 일이 아닌 위협순위가 높아져가는 한반도의 안보현실이다. 북한은 경제파탄과 식량난, 체제불안 가중시 전쟁을 통한 돌파구를 마련할 가능성이 있으며, 남북한이 평화와 화해의 무드는 아니다.

따라서, 직업군인은 올바른 안보관을 가지고, 확고한 군사대비태세를 갖추기위해 노력해야 한다. 즉, 적과 싸우면 반드시 이기는 부대를 육성하고, 또한 본인 스스로가 전투기술의 전문가가 되어야 한다.

〈한반도 주변국 군사력 현황(17. 1월), 출처 : 연합뉴스〉

11-3. 나의 국가관 및 안보관 설정

주제토의

1. 직업군인으로서 가져야할 올바른 국가관에 대하여 조별 토의 및 발표하시오.

*** 가치관 :**

*** 이 유 :**

주제토의

2. 직업군인으로서 가져야할 올바른 안보관에 대하여 조별 토의 및 발표하시오.

*** 인생관 :**

*** 이　유 :**

<출처 : 국방홍보원>

제 12 절 직업군인의 가치관

가. 직업군인의 올바른 가치덕목

직업군인이 복무 중에 가슴에 새기고 실천해야 하는 핵심적 가치덕목은 『책임(責任)』, 『청렴(淸廉)』, 『검소(儉素)』, 『창의(創意)』이다.

(1) 책 임

군인에게 있어 책임이란 '국가의 안전을 확보하고 국민의 생명과 재산을 보호하는 사명의 주체'임을 자각하여 자신에게 주어진 임무를 완수하는 것을 말한다. 직무에 대한 책임의 중요성에 있어서 군인의 책임보다 더 중요한 것은 많지 않을 것이다. 전시에 군인의 책무는 전쟁의 승패와 국가의 안위에 직접적인 영향을 미치기 때문이다.

따라서 직업군인은 계급과 직책에 따라 명확한 책임이 부여되어 있으며, 부여된 책임에는 개인의 희생과 헌신을 요구하고 있다. 군인의 책임은 자신에 대한 책임, 부하에 대한 책임 그리고 맡은바 임무에 대한 책임으로 나누어 볼 수 있다.

첫째, 자신에 대한 책임은 자신의 행동에 대한 평가와 그에 따른 결과를 정당한 것으로 받아들이는 자세이며, 현재 자신의 위치에서 바람직한 최선의 결과를 이루기 위해 항상 노력하고 맡은 일에 긍지와 자부심을 갖는 것이라 할 수 있다.

둘째, 부하에 대한 책임은 리더로서 자신이 한 것이든 하지 않은 것이든 부하들의 행위결과에 대해 책임을 지는 것이다. 부하들의 행동에 대하여 책임을 지는 것은 결코 쉬운 일이 아니다.

일이 잘못되었을 때 이것은 '나의 책임이지 누구의 탓도 아니다'라고 책임 있게 말할 수 있을 때 진정한 리더십이 생기는 것이다.

셋째, 임무에 대한 책임은 자신에 대한 책임과 부하에 대한 책임에서 귀결되는 것이고, 임무수행의 책임은 바로 군의 존재목적에 대한 책임이라고도 할 수 있다.

그런데 군의 임무는 집단적인 성질을 강하게 가지고 있기 때문에 이러한 임무의 수행에는 복종심, 군기, 협동, 단결, 인화, 사기 등의 가치가 필요하다. 군기,

사기, 단결 등의 집단적 정신전력의 구성 요소가 뒷받침될 때 군의 임무수행은 용이해진다는 것이다.

(2) 청렴과 검소

〈출처 : 국방홍보원〉

청렴(淸廉)이란 성품이 고결하여 공사(公私)가 분명하며 욕심이 없음을 뜻하고, 검소(儉素)는 사치·낭비·향락을 자제하는 꾸밈없는 결백함을 말한다. 이와 같이 청렴과 검소는 비록 그 뜻은 다르나 현실적으로 그것을 행동하고 실천하는 것은 거의 같다고 할 수 있다.

청렴과 검소는 인격형성과 도덕적 활력의 원천으로, 군인과 사회국민 윤리의 기초가 되는 것이다.

원래 청렴결백(淸廉潔白)하고 솔직담백(率直淡白)함을 중심으로 하는 군인의 도덕성에는 어떠한 형태, 어떤 규모이건 간에 부조리나 비리가 끼어들 여지는 없다.

세상의 모든 조직이 다 부패하더라도 군대조직만은 그리고 군인만은 부패해서는 안 된다. 군인이 물욕에 눈뜨기 시작하면 이미 위국헌신의 본분에서는 멀어질 수밖에 없다. 또한 모름지기 적은 군대로 많은 군대를 이길 수는 있어도 부패한 군대로 건전한 군대를 이길 수 없다는 것은 병가(兵家)의 상식이요, 전장(戰場)의 철칙이기 때문이다.

(3) 창 의

전투복을 입고 완전군장을 하고도 손에 총과 더불어 책을 빼놓지 않는 것이 간부이다. 또한, 배우고 익힌 전문성을 바탕으로 부대발전과 전투 승리를 창조하는 창의성을 발휘해야 한다.

지금 우리는 농업사회, 산업사회를 거쳐 정보화 사회를 살고 있으며 이제는 정보화 사회를 넘어 창조사회로 나아가고 있다. 이제는 기업에서도 '남보다 더 싸게, 좋게'가 아니라 '어떻게 남다르게 만드느냐'가 더 중요하게 되었으며, 조직의 DNA도 창의적으로 바꾸지 않으면 생존이 어렵다.

〈출처 : 국방홍보원〉

급변하는 미래사회의 부응하기 위해서는 단순히 명령과 그에 따르는 무조건적 복종에 근거한 업무처리 시대에서 각자가 고도의 전문성과 창의를 갖고 실패를 두려워하지 않는 도전정신으로 꾸준한 자기계발과 자발적인 동기부여를 하는 시대로의 전환을 의미하는 것이다.

이러한 흐름은 사회 전반적인 변화와 더불어 군내에도 커다란 변화를 강요하고 있다. 기존의 병력 중심 전력에서 화력과 정보, 전문성 중심의 전력으로 바뀌게 됨에 따라 군에도 더욱더 고도의 창의와 전문성이 요구되고 있는 것이다.

결과적으로, 앞에서 언급한 바와 같이 직업군인은 부대를 위한 가치인 『책임』, 『청렴 · 검소』, 『창의와 전문성』을 바탕으로 한 멸사봉공(滅私奉公)의 직업관을 지녀야 한다.

특히, 직업군인은 모두 『참 군인의 길』을 가겠다고 스스로 선택한 사람들이며, 『참 군인』은 누가 만들어 주는 것이 아니라, 스스로 만들어 가는 것이기 때문이다.

나. 바람직한 직업관

〈출처 : 국방홍보원〉

바람직한 직업관은 개인의 자아실현은 물론 사회적으로도 생산적인 역할을 하게 된다. 따라서 직업의 목표를 생계수단이라는 개인적 차원을 넘어 조직발전에 기여하는 국가 · 사회적 차원으로까지 확장하고, 다른 구성원들과 협조 · 협동하며 적극이고 긍정적 사고로, 근면 · 성실해야 한다.

특히, 직업군인은 스스로 선택한 직업으로서 『공동체의 일원으로서 맡아야 할 역할』 직(職)에 중점을 둔 직업관을 견지해야 한다.

다. 멸사봉공의 직업관

직업군인에게 멸사봉공(滅私奉公)의 직업관은 매우 중요한 핵심가치이다. 『멸사봉공(滅私奉公)』의 사전적 의미는 『개인의 욕심을 버리고 공공을 위해 힘쓴다』는 뜻이다.

따라서, 국가를 최우선으로 생각해야 할 직업군인에게 멸사봉공은 매우 중요한 요소인 것이다. 특히, 멸사봉공에는 책임, 청렴·검소, 창의가 바탕이 된다.

또한, 직업군인은 국가의 생존과 국민의 생명 및 재산을 보호하는 임무를 수행하기 위해서 생명을 담보로 해야하며, 엄격한 규율과 강력한 위계조직 속에서 임무를 수행하는 소명의식(召命意識)에 충만한 전문직업인(專門職業人)이 되어야 한다.

<출처 : 국방홍보원>

12-2. 직업군인의 인생관

가. 인생관

인생관(人生觀, view of life)에 대해 철학대사전에서는 『인생에 대한 전체적 · 통일적 · 직관적인 사고방법』이라고 정의하고 있다. 국어대사전에서는 '인생의 목적 · 의의 · 가치 및 그가 갖는 의미를 이해·전체적인 사고방법'이라고 풀이하고 있다.

결국 인생관이란 『인간 자신이 의식적이든 무의식적이든 지금 삶에 대한 중요한 관점』이라고 할 수 있다.

동양의 인생관은 상대적으로 '죽음'에 비중을 두어 그 사람이 어떻게 죽었느냐, 얼마만큼 떳떳하고 의롭게 죽었느냐를 중시했다. 이를 단적으로 나타내는 것이 "호랑이는 죽어 가죽을 남기고 사람은 죽어서 이름 석 자를 남긴다"는 격언이다.

죽음에 대한 이러한 중시는 불교의 윤회사상(輪回思想), 즉 수레바퀴가 돌고 돌아 끝이 없는 것과 같이 중생의 영혼도 육신과 함께 멸하지 않고 무시무종(無始無終)으로 돈다는 사상에서 영향을 받은 것으로 보고 있다.

반면 서양의 인생관은 동양의 그것에 비해 죽음은 차후의 문제이며 『삶』에 우선을 두었는데, 이는 유럽의 실존주의(existentialism)와 미국의 실용주의(pragmatism)의 영향을 받은 것으로 파악된다.

〈출처 : 국방홍보원〉

한국 사람들은 죽는다는 말을 매우 잘 쓴다. 좋을 때는 『좋아죽겠다』다는 표현을 잘 사용하고, 기쁠 때는『기뻐죽겠다』는 표현을 잘 사용한다. 이는 감정 표현만이 아니다.

생명이 없는 물체인 시계도 죽고 맛도 죽었다고 한다. 심지어 문명의 첨단인 컴퓨터에 대해서도 그것이 다운(down)되었을 때 컴퓨터가 죽었다고 하는 우리의 모습을 가리켜 『전천후의 죽겠다 문화』라고 규정하는 이도 있다.

인간이 어떻게 사고하며 생활하고 있는가 하면 값진 삶의 과정과 육신의 삶

이후까지를 생각하는 『가치 있는 죽음』은 그 우열을 따질 수 없을 뿐더러 서로 별개의 것도 아니다.

매사에 긍정적·적극적·능동적으로 인생의 가치를 추구하며 살아갈 때 가치 있는 죽음까지도 어렵지 않게 선택할 수 있을 것이다. 따라서 우리는 올바른 인생관의 의미를 『가치 있는 삶의 전제로 한 죽음에 대한 확고한 태도』에서 찾는 것이 옳을 것이다.

직업군인으로써 부대를 위한 가치 덕목인 책임, 청렴·검소, 창의를 바탕으로 멸사봉공(滅私奉公)의 직업관을 이해하고 이를 실천하는 것이 대단히 중요하다.

〈출처 : 국방홍보원〉

나. 사생관의 의미

사생관이란 일반적으로 죽음과 삶에 대한 사고 방법을 의미한다. 군사적 관점에서 군인의 사생관은 유사시 전장이라는 죽음의 위험성이 내재된 특수한 환경에서 행동해야 하므로 올바른 사생관의 유무는 그 본인의 사고·행동·리더십에 영향을 준다.

인간이 죽는 것은 자연의 섭리다. 그러나 직업군인은 일반 직업인들과는 달리 생명을 담보로 하는 임무를 수행해야 한다. 즉, 유사시 임무를 완수하기 위해서는 죽음을 무릅써야 하는 것인 만큼 언제나 죽음과 더불어 살고 있는 것이다. 직업군인의 사생관은 군생활의 기본철학으로서 핵심적인 가치이다.

군인의 삶은 이러한 시명을 완수하기 위해 때론 목숨까지 바치는 희생이 요구되는 그런 삶이다. 우리 군인에게 있어 삶은 투철한 신념과 용기를 뼛속 깊숙이 간직한 삶이요, 적을 무찌르고 승리하는 삶이어야 한다.

또한 군인의 죽음은 나라를 위한 죽음이고 승리의 밑거름이 되는 죽음이어야 한다.

〈대한제국군, 출처 : 한국학중앙연구원〉

참 고 맥아더의 아들을 위한 기도문

〈 맥아더 장군,
출처 : 두산백과 〉

- **맥아더**
  [미국 예비역 원수, 1880. 1. 26. ~ 1964. 4. 5.]
- 2차 세계대전 당시 태평양전쟁 미군 최고사령관으로, 일본을 패망시키고, 한국전쟁 시 인천상륙작전을 성공으로 이끈 신화적 인물
- 평생을 군대에 충성하고, 50세라는 늦은 나이에 아들을 낳아서, 아들에 대한 간절한 기도문을 쓰게 되었는데, 그것이 『맥아더의 아들을 위한 기도문』 임

주여,
이러한 아들이 되게 하소서.

약할 때 자신을 분별할 수 있는 강한 힘과,
무서울 때 자신을 잃지않는 담대성을 가지고,
정직한 패배를 부끄러워하지 않고 의연하며,
승리에 겸손하고 온유하게 하소서.

쉬움과 안락의 길로 인도하지 마시옵고
고난에 대하여 힘을내서 도전하여
이겨낼 수 있도록 인도하여 주소서.

폭풍 속에서 용감히 싸울 줄 알고,
패자에 대해서는 관용을 베푸도록 깨우쳐 주소서.

웃을 수 있는 동시에 슬픔도 잊지않는,
미래를 예측하는 동시에 과거를 잊지않는 힘을 주소서.

인생을 엄숙히 살아감과 동시에,
유머를 알게 하여 삶을 즐길 줄 알게 하시고,
자기 자신만을 너무 소중히 여기지 않으며,
겸손한 마음을 갖게 하소서.

진정으로 위대함은 겸손함에서,
진정으로 강함은 온유함에서 온다는 것을
명심하도록 하게 하소서.

12-3. 나의 가치관 및 인생관 설정

주제토의

1. 직업군인으로서 가져야할 올바른 가치관에 대하여 조별 토의 및 발표 하시오.

*** 가치관 :**

*** 이 유 :**

주제토의

2. 직업군인으로서 가져야할 올바른 인생관에 대하여 조별 토의 및 발표 하시오.

* 인생관 :

* 이 유 :

주제토의

3. 직업군인으로서 가져야할 올바른 사생관에 대하여 조별 토의 및 발표하시오.

* 사생관 :

* 이 유 :

제 13 절 직업군인의 군인기본자세 및 상황별 군대예절

13-1. 직업군인의 군인기본자세

가. 직업군인과 군대예절

(1) 외모

직업군인 단정한 용모와 짧은 두발을 해야 한다. 이는 단결력과 협동심 함양이 가능하고, 군인으로서 전투적 사고를 견지하기 위함이며, 개성보다는 단정함과 말끔함이 우선이다.

(2) 용모

군인은 항상 단정한 용모를 유지해야 한다. 면도는 매일 실시하며, 콧수염·턱수염은 기를 수 없다.

군인은 임관반지 및 결혼반지 이외 반지와 목걸이, 귀걸이 패용하지 않으며, 여군은 화장을 청순하고 자연스럽게 하며, 피부색에 가까운 매니큐어 사용한다.

(3) 두발

간부 표준형은 가르마를 타고 머리를 단정히 손질, 양쪽 귀 상단에 1cm 이내 선으로 착모 시 모자 밖으로 노출되는 형태의 단정하게 조발(이발)한 머리를 말한다.

남자군인의 머리 중, 운동형은 앞 · 윗머리를 3cm 내외로 자르며, 옆·뒷머리는 1cm 이내로 단정하게 자른 상태를 유지한다.

여군의 두발 중, 짧은 머리형은 뒷머리가 상의 옷깃 끝선에 닿지 않고, 앞머리는 눈썹을 가리지 않으며, 좌 · 우 머리는 균형을 유지한 상태이다.

여군의 긴 머리형은 단정하게 묶거나 들어 올려 정리하고, 머리가 나풀거리지 않도록 머리핀이나 망으로 고정시킨 상태를 유지한다. 여군의 머리핀은 길이 10cm, 폭 2cm 초과 금지, 망은 검정색상을 사용한다.

(4) 복장착용

복장착용기준에 의기 군복을 착용하고, 복장과 마음가짐을 단정히 하여 군인으로서 품위를 유지한다. 외투, 우의, 장갑 및 군모는 실외 착용을 원칙으로 하되, 무장 시나 군무 시에는 실내 착용도 가능하다.

사복은 출·퇴근, 휴가, 외출, 외박 등의 출타 시, 영외에서 착용을 원칙으로 한다. 기타, 부대에서 주최하는 사복차림에 단결회식 시에는 옷깃있는 남방에 긴 바지, 단정한 신발을 착용하되, 체육복, 반바지, 슬리퍼 등을 착용하지 않는다.

(5) 얼굴표정

직업군인의 웃는 얼굴은 부하들에게 안정감을 준다. 따라서, 밝은 표정을 짓고, 시선은 안정되며, 입은 자연스럽게 다물고, 때와 장소에 따라 진지한 태도를 유지하며, 군인의 기품(氣品)을 나타내는 당당한 표정을 유지한다.

(6) 자세

직업군인의 선 자세는 허리를 곧게 펴서 반듯한 자세를 유지하고, 『차려』 또는 『쉬어』 자세 유지하되, 짝다리 및 호주머니에 손을 넣는 행위는 하지 않는다.

앉은 자세는 항상 『정좌』 자세, 허리와 가슴을 편 자세를 유지한다. 단, 금방 일어날 듯 몸을 의자 끝에 걸터앉는 행위와, 다리를 꼬고 앉는 예의 없는 행위는 하지 않는다.

보행 시에는 항상 씩씩하고 힘찬 발걸음 유지하며, 상급자 수행 시에는 좌측 1보 뒤에서 수행하고, 안내 시에는 우측 1보 앞에서 안내한다.

실내 이동간 예의로는, 좁은 실내·외에서 활동 시에는 우측보행을 하여 교차 통행할 수 있도록 공간을 배려한다.

(7) 언어 예절

군인의 언어사용은 표준말을 원칙으로 하고, 간단·명료하여야 한다. 저속한 언어사용을 하지 않는다. 대화시의 예절은 경어를 사용하며, 『했습니다. 그렇습니까?』 등이 된다.

특히, 상대방의 이야기 도중 끼어들어 말을 가로채거나, 지나친 자기주장은 삼가한다. 대화 중 자리이탈 시에는 양해를 구해야 하며, 다른 사람에게 방해되지 않도록 해야 한다.

상급자가 자신의 실수를 지적 시 진심에서 우러나오는 사과의 표현을 해야한다. 말을 너무 빠르거나 느리지 않게 속도를 조절하며, 듣는 사람의 수나 주변 사람을 생각하여 적절한 크기로 해야 한다.

또한, 침착한 태도로 상대의 눈을 자연스럽게 바라보며 대화하며, 상대가 말하고 있을 때에는 다른 화제를 끄집어내는 것은 실례이다.

또한, 대화 도중에 말이 끊기면 결례이니, 중간이나 끝의 적당한 시간에 의문나는 사항을 질문한다.

호칭에는 여러 가지 표현방법이 있는 아래와 같은 방법을 반드시 숙지한다.

개념정리

1) 국가 원수에 대한 호칭

가) 존칭을 사용 : "대통령님"
나) 대통령과 부인을 함께 호칭 : "대통령님 내외분"

2) 상관에 대한 호칭

가) 성(姓)과 계급 또는 직책명 다음에 "님"을 붙여 호칭
 * 예) "김 대위님", "작전담당관님", "교관님"
나) 성(姓) 또는 직책명을 알지 못하는 경우 그 계급 다음에 "님"을 붙여 호칭
 * 예) "대위님", "상사님"

3) 기타 호칭

가) 하급자·동급자를 호칭하는 경우에는 성(姓)과 계급 또는 직책명 호칭
 * 예) "김 상병", "김 하사", "1부분대장", "2분대장"
나) 자신을 자칭할 경우 상급자에게는 "저", 하급자에게는 "나" 라고 지칭
다) 군종장교 호칭시 "목사님", "신부님", "법사님" 등 성직명칭 사용

참 고

- 상급자와 대화 시에는 상급자보다는 하위자이면서 나보다는 상위자에 대해 말할 때는 압존법(壓尊法) 사용
  (1) 잘못된 표현
  중대장 : 김 하사! 소대장은 어디 있나요?
  김병장 : 예! "소대장님은 대대에 가셨습니다."
  (2) 올바른 표현
  중대장 : 김 하사! 소대장은 어디 있지?
  김병장 : 예! "소대장은 대대에 갔습니다."
- 상급자가 자신을 호칭하거나 지칭할 때는 관등성명(官等姓名)으로 답변
  * 관등성명은 최초 1회만 실시하고, 이후에는 자연스럽게 대화
- 압존법(壓尊法) : 높임법에서 어른에 대한 경어(鯨魚)가 그보다 더 높은 어른 앞에서는 줄어짐.
- 관등성명(官等姓名) : 자신의 직책 · 계급 · 성명 등을 외침으로써 상관에게 자신을 정확히 알리는 행위

(8) 거수경례

경례시기는 쉽게 알아볼 수 있는 30보(약 25m) 미만의 거리를 기준으로 하며, 통상 6보 (약 5m) 전의 거리에 접근했을 때 실시한다. 경례대상은 대통령, 국무총리, 국방부장관 및 차관, 상급자인 국군장교·우방국 장교, 사복을 착용한 사람이 상급자임을 인지했을 경우 동일하게 예의를 표시한다.

〈출처 : 국방홍보원〉

경례를 생략할 수 있는 경우는, 상급자와 대화 중 같이 대화를 하는 상급자보다 하위계급의 상급자를 만났을 때이다. 또, 전투, 근무, 작업, 훈련 등으로 임무수행 상 부득이 할 때이며, 마지막으로 차량운전, 입원, 대열 중에 있거나 운동경기 중일 때는 경례를 생략할 수 있다.

목례를 하는 경우는, 두 손에 물건을 들고 있어 경례하기 곤란한 경우와, 도서실, 식당, 화장실, 이발소, 목욕탕, 기타 공공집회 장소에 있는 경우이다. 목례자세는 상체를 앞으로 30도 굽힌 자세이며, 이때 구호는 생략한다.

〈출처 : 국방홍보원〉

13-2. 직업군인의 상황별 군대예절

가. 회의 예절

(1) 상관이 주관하는 회의 및 집합 시에는 실내·외를 막론하고, 선임자 또는 회의를 주최하는 대표자가 시작과 끝 보고를 한다.

* 예: 부대차렷 → 충성! 회의준비 끝 → 쉬어 → 부대차렷 → 충성! 회의 끝

(2) 상급자는 자신의 의견을 강요하는 어투로 회의 분위기를 이끌어서는 안 된다.

(3) 발표할 때는 가급적 자신의 뒷모습이 참석자들에게 보이지 않도록 한다.

(4) 발표를 하면서 뒷짐을 지거나, 머리를 긁적이는 등 불필요한 동작을 하지 않는다.

• 기타 주의사항

(1) 회의 참석 대상자라면 반드시 참석하여 성공적인 회의가 되도록 해야 한다.

(2) 다른 사람의 의견을 끝까지 경청하고 나름대로 분석하거나 소화하려는 노력이 필요하다.

(3) 다른 사람이 의견을 발표할 때 옆 사람과 이야기를 한다든지 분위기를 깨뜨리는 언동은 삼가야 한다.

(4) 자신의 의견을 말할 때는 사회자나 주관에게 허락을 받아야 한다.

(5) 아무리 좋은 발언이라 하더라도 남의 발언을 끊고, 함부로 일어나서 발언하지 않는다.

(6) 책임감 없는 발언을 하거나 자신만의 의견을 고집하지 않는다.

(7) 회의 중에는 사담을 피한다.

(8) 자신과 다른 의견이라도 존중해야 한다.

나. 보행예절

(1) 씩씩하고 힘차게 걸어야 하며, 상급자와 동행할 경우에는 상급자 좌측 또는 좌측 1보 뒤에서 상급자의 보조에 맞추어 걸어야 한다.

(2) 2인 이상이 함께 보행할 경우에는 대오를 갖추고 보조를 맞추어 걸어야 한다.

(3) 상급자를 앞질러야 할 경우에는 상급자의 좌측에 다가가 경례나 목례 후 "실례합니다. 먼저 지나가겠습니다."라고 양해를 구한 후 앞으로 나가는 것이 예의이다.

(4) 군복을 입고 보행 시에 담배를 피우거나 음식물을 먹거나 주머니에 손을 넣어서는 아니 된다. 다만, 비 전술적 상황에서 우의가 없을 시에는 군인으로서 품위를 유지할 수 있는 색상의 우산을 사용할 수 있다.

(5) 상급자를 수행할 때에는 상급자의 좌측 1보 뒤, 안내할 때에는 상급자의 우측 1보 앞에서 실시한다.

(6) 군복을 착용하고 우산을 들었을 때에는 우산을 반듯하게 들어야 하며 어깨에 기대어 놓지 않도록 유의해야 한다.

(7) 상관과 동행 할 시 상관의 좌측에서 걷는다.

(8) 상관을 수행할 때에는 좌측 1보 뒤에서 걷는다.

(9) 상관을 안내할 때에는 우측 1보 앞에서 상관의 보조에 맞추어 걸어야 한다.

(10) 2인 이상이 같이 보행할 때에는 대열을 갖추고 보조를 맞추어 걸어야 한다.

(11) 서열에 따라 보행 위치가 달라지며, 5인 이상일 경우에는 가장 상급자가 부대 좌측 2/3지점에서 인솔을 한다.

(12) 노인, 부녀자 및 연소자와 같이 걸어갈 경우에는 자신이 차도에서 가까운 위치 또는 위험한 위치에서 걸어야 한다.

(13) 보행 간 금지행동

(가) 담배를 피우거나 음식을 먹는 행동은 금지한다.

(나) 주머니에 손을 넣고 이동하는 행동을 금지한다.

(다) 실외에서 모자를 벗고 이동하는 행동은 금지한다.

(14) 상급자를 추월 시

(가) 상급자의 앞을 가로질러 갈 때에는 상급자의 좌측에 나가 목례나 경례 후

"실례합니다. 먼저 지나가겠습니다." 하고 양해를 구한 후 지나가야 한다.

(나) 이동 간 불필요한 신체접촉이 없도록 유의한다.

다. 차량예절

(1) 승용차 탑승 예절

(가) 운전기사가 있을 때

: 상석(뒤 오른쪽 좌석), 차석(왼쪽 좌석), 말석(가운데 좌석)

(나) 양쪽 문을 이용하여 탑승 시, 상급자는 오른쪽 문을 이용하고, 하급자는 왼쪽 문을 이용하여 탑승

(다) 오른쪽 문만 열릴 때는 하급자가 먼저 탑승

(라) 본인이 직접 운전할 때

: 상석(운전석 옆 좌석), 차석(뒤 오른쪽 좌석), 말석(왼쪽 좌석)

(2) 군용짚차 탑승 예절

(가) 운전병 옆 좌석이 상석

(나) 민간인과 함께 탑승 시 군인이 상석에 탑승

(다) 민간인 혼자 탑승할 경우 상석에 앉지 않는 것이 예의

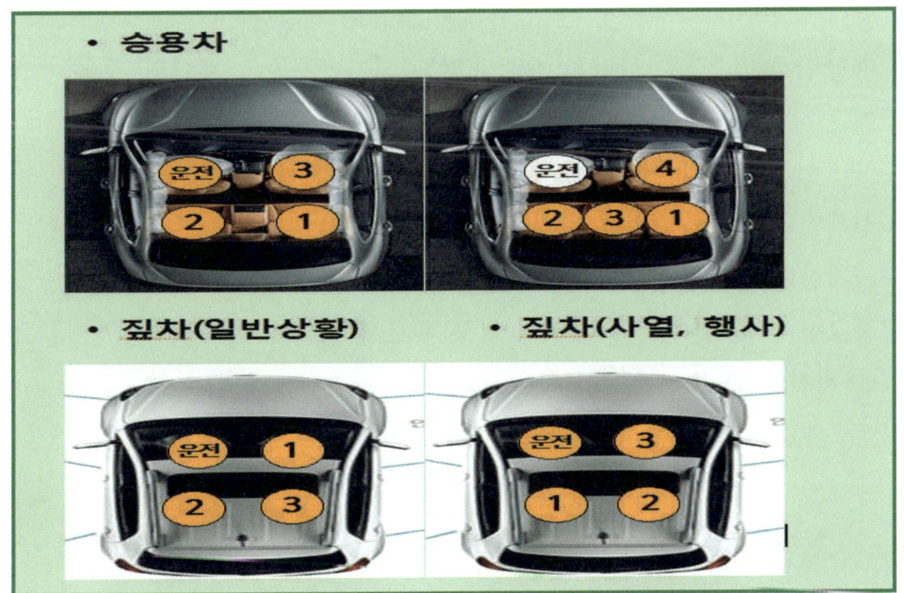

라. 상급자에 대한 예절

(1) 음식이나 술, 음료 등을 들 때는 상급자보다 나중에 든다.

(2) 지시를 받을 때는 끝까지 경청하고, 지시한 내용은 복명, 복창하여 확인하고, 지시내용이 많거나 복잡할 때에는 메모를 실시한다.

(3) 지시사항에 대한 조치내용을 시기적절하게 보고한다.

(4) 지시사항에 대한 다른 의견이 있을 때에는 공손한 태도로 보고하며, 필요시에는 근거자료를 구비하여 재건의 한다.

* 지시내용이 실행하기 어려운 사안이라도 면전에서 바로 자신의 생각을 말하기 보다는 충분히 검토 후 논리적으로 상급자에게 의견을 건의해야 함.

마. 이성간의 예절

(1) 이성이 혼자 있는 사무실 출입 시에는 전화, 노크 등을 통해 사전 승낙 후 출입한다.

(2) 이성이 함께 있는 사무실에서 환복 시에는 지정된 탈의실을 이용하고, 특히 민소매 러닝셔츠를 착용한 채로 상의를 탈의해서는 안된다.

* 단, 반팔 러닝셔츠는 착용 가능

(3) 남녀 2명만이 사무실에 잔류 시에는 출입문 개방한다.

(4) 계단이 넓을 경우 나란히 오르내려도 되지만, 좁은 계단의 경우, 오를 때에는 여군이 뒤에서, 내려갈 때는 여군이 먼저 내려가도록 조치한다.

* 단, 여군이 안내자일 경우에는 계단을 먼저 오를 수 있음

(5) 신체접촉, 독신자 숙소 출입, 무리한 음주 강요 등 성희롱 관련 행동 일체 금지한다.

(6) 종교행사 및 편의시설 이용간 여군 후보생 접촉을 금지한다.
(편지전달 및 호감을 표시하는 행위 등)

바. 전화예절

(1) 전화를 걸 때

(가) 상대방이 전화를 받으면 자신의 신원을 밝히고, 상대방이 하급자 일지라도 언짢을 정도의 반말을 금지한다.

* 상급자일 경우

: "충성! 1중대 3소대 부소대장 하사 000입니다.

~에 대해 궁금한 사항이 있어서 문의전화 드렸습니다."

* 병사일 경우

: "수고 많다. 1중대 3소대부소대장이다. 인사장교님과 통화할 수 있나?"

(나) 장시간 대화를 나누고자 할 경우에는, "좀 시간이 걸려도 되겠습니까?" 라고 사전에 양해를 구해야 한다.

(다) 전화가 잘못 걸렸을 때는, "전화가 잘못 걸렸습니다. 죄송합니다." 라고 사과해야 한다.

* 미안한 생각에 아무런 말없이 전화를 끊는 것은 실례!

* 지휘관 전화기에는 발신자 표시가 된다는 사실 명심!

(2) 전화를 받을 때

(가) 전화벨이 울리면 벨이 3번 이상 울리기 전에 가급적 신속하게 받아야한다.

(나) 수화기를 들면 소속, 관등성명을 밝히고, 아래와 같이 "통신보안! 1중대 3소대 부소대장 하사 000입니다."라고 답변하며, 직속상관 또는 당직근무 간 당직사령의 전화일 경우에는 "충성! 근무 중 이상 없습니다."라고 답변해야 한다.

(다) 용건이 모두 끝났을 때는 하급자가 상급자보다 먼저 전화를 끊지 않아야 한다.

(3) 휴대전화 사용 시 유의사항

(가) 휴대폰은 퇴근 후 어떤 상황에 있더라도 항상 응신할 수 있도록 대비해야 한다.

(나) 휴대폰을 진동상태로 두었을 때에도 전화가 오는 것을 인지할 수 있도

록 휴대해야 한다.

(다) 배터리 방전에 대비해 예비배터리를 항상 휴대해야 한다.

(라) 수시로 부재중 전화여부를 확인해야 한다.

(마) 공중목욕탕, 영화관 등 장시간 전화를 못할 경우에는 사전에 연락을 하여 당직계통에 유선연락처를 알려야 한다.

(바) 상급부대 번개통신간, 휴가 시 등 부대전화를 안 받는 행위는 절대 금지해야 한다.

(사) 사적인 내용으로 장시간 통화하거나 문자를 주고받는 행위는 지양해야 한다.

* 증권, 인터넷 뉴스 등 부대업무 이외의 개인적인 사용금지

(아) 회의 및 집합 시에는 진동 또는 전원을 차단해야 한다.

(자) 교육훈련, 작전활동 시에는 임무수행에 지장을 주지 않도록 가급적 휴대하지 않아야 한다.

* 부대 여건과 상황에 따라 휴대 가능하며, 필요시 무음모드 처리 또는 전원을 차단

사. 음주예절

(1) 부대회식 시에는 반드시 시간을 준수해야 하며, 회식 시작 및 종료 보고를 실시해야 한다.

(2) 사복 착용 시 복장은 단정한 옷차림으로 하되, 상급자 허락 시에만 체육복 착용이 가능하다.

(3) 상급자와 같이 음주 시에는 상급자가 먼저 마시거나 권할 경우에만 가능하다.

(4) 상급자에게 술을 따를 때는 술병을 오른 손으로 잡고, 두 손으로 공손히 따라야 한다.

* 한 손에는 술병, 한 손에는 술잔, 절대금지!

(5) 상급자가 자신에게 술을 따를 때는 술잔을 두 손으로 잡고 앞으로 내밀어 공손히 받아야 한다.

(6) 술잔을 받았을 때는 바로 놓지 말고 일단 약간 마시거나 술잔을 입에 댄 후 술잔을 놓아야 한다.

(7) 음주가 불가능 할 경우에는 정중히 사유를 밝히고 양해를 구해야 한다.
(8) 다음 날 업무수행에 지장이 없을 정도의 음주를 실시해야 한다.

아. 흡연예절

(1) 흡연은 흡연이 허용된 장소에서만 실시해야 한다.
(2) 담배를 입에 물고 이야기하는 행위와 상대방의 안면으로 담배 연기를 뿜는 행위는 금지한다.
(3) 상관과 동석 시는 금연이 원칙이나 상관이 담배를 권할 때는 피울 수 있다.
(4) 여성이나 비흡연자와 같이 있을 때는 양해를 구하고 흡연을 해야 한다.

입대 전 알아두기 **119운동 (육군 회식 구호)**

• 119운동 : 1(한) 가지 술로, 1차만, 오후 9시 이전에 종료

주제토의

1. 상황 #1

3중대가 부대 회관에서 회식을 실시중이다. 한라산 하사는 동기인 백두산 하사와 가장 먼저 도착했다. 둘은 운동을 하고 왔던 터라 갈증을 느껴, 먼저 맥주 한캔씩 간단히 목을 축였다. 이윽고 중대 간부들이 모두 도착했고, 중대장 주관 하에 회식을 실시했다.

위 사례를 읽고 군대예절 교육에 준하여 무엇이 잘못되었는지, 문제점 및 보완사항에 대하여 조별 토의 및 발표 하시오.

주제토의

2. 상황 #2

중대회식 간 시간이 좀 지나서 분위기가 무르익었다. 금강산 하사는 평소 친하던 소백산 하사와 흡연에 대한 열망이 강하게 일어나, 눈빛 교환 후 외부로 흡연을 하러 나갔다. 평소 여자친구 문제로 고민이 많았던 소백산 하사가 금강산 하사에게 연애문제를 털어놓자, 금강산 하사는 연애상담을 해주고, 회식장소로 다시 복귀했다. 참고로, 임석 상관인 중대장은 비흡연자였다.

위 사례를 읽고 군대예절 교육에 준하여 무엇이 잘못되었는지, 문제점 및 보완사항에 대하여 조별 토의 및 발표 하시오.

참고문헌

김정필(2017). 장교·부사간 선발면접 필수노트, 시대고시기획

노병석 외(2016). NCS기반(직업기초능력) 직업과 군대윤리, 삼학당

이광보 외(2016). 군대윤리, 진영사

김남권 외(2013). 군대윤리와 충효예교육, 진영사

김용현(2006). 군대윤리. 백산출판사

육군본부(2006). 부대관리 Know-How123

조승옥 외(1994). 군대의 명령과 복종, 법문사

국방부(2017). 군인복무기본법

육군교육사령부(2017). 국가와 안보 Ⅰ

육군교육사령부(2017). 국가와 안보 Ⅱ

육군교육사령부(2016). 국가와 안보 Ⅰ

육군교육사령부(2016). 국가와 안보Ⅱ

육군교육사령부(2016). 국가와 안보Ⅲ

육군군사연구소(2016). 위대한 헌신과 희생

육군본부(2011). 누구로부터 무엇을 어떻게 지킬 것인가?

육군본부(1997). 장교의 도

저자

한 만 민

現 광주 동강대학교 부사관과 학과장

유 석 봉

現 경민대학교 효충사관과 교수

박 희 성

現 두원공과대학교 군사학과 교수